SPRITE

昆虫之美

精灵物语 ①

李元胜 图文

STORIES

第3版

熟悉花朵仿佛旧友重逢
冷僻物种犹如深奥文字

新闻出版总署向全国青少年推荐的百种优秀图书

金雅迪彩印
书刊检验
合格证
03

重庆大学
出版社

图书在版编目（CIP）数据

昆虫之美. 1，精灵物语 / 李元胜图文. — 3版. —
重庆:重庆大学出版社，2015.10（2018.10重印）
　（好奇心书系. 自然随笔丛书）
　ISBN 978-7-5624-9386-0

Ⅰ. ①昆… Ⅱ. ①李… Ⅲ. ①昆虫学—普及读物
Ⅳ. ①Q96-49

中国版本图书馆CIP数据核字（2015）第191743号

昆虫之美1（第3版）
精灵物语

李元胜　图文

策划：　鹿角文化工作室

策划编辑：梁　涛

责任编辑：袁文华　　版式设计：周　娟　钟　琛　廖明媛
责任校对：邹　忌　　责任印制：赵　晟

*

重庆大学出版社出版发行
出版人:易树平
社址:重庆市沙坪坝区大学城西路21号
邮编:401331
电话:（023）88617190　88617185（中小学）
传真:（023）88617186　88617166
网址:http://www.cqup.com.cn
邮箱:fxk@cqup.com.cn（营销中心）
全国新华书店经销
重庆新金雅迪艺术印刷有限公司印刷

*

开本：787mm ×960mm　1/16　印张：12.5　字数：182千
2015年10月第3版　　2018年10月第10次印刷
印数：47 001—50 000
ISBN 978-7-5624-9386-0　定价：58.00元

作者说 ZUOZHESHUO

　　经常有人问我：为什么你的镜头能离昆虫如此之近？我从不回答。不是难以回答，而是担心不被理解。

　　现在，是交付这本书的时候，应该回答了——那是因为我有足够的好奇心，而好奇心改变了一切，至少，让笨拙的我变得灵巧、变得充满耐心。为了缩短距离，我的脚步非常轻，我屏住呼吸，在最关键时，我甚至想抑制住自己的心跳。事情就在这一瞬间发生了，我只不过后来才知晓——后来翻阅这些照片，我在空气的光晕中，听到了自己激动的脚步；从草叶的弯曲，发现了自己的呼吸；在扇动的蝶翅上，看到了自己的心跳。

　　生命从来不是孤立的、封闭的，就像一滴蓝墨水落进水池，它会迅速扩展到周围，甚至更远的地方。你周围的许多事物，都会带着你的颜色、你的呼吸，甚至你的心跳——如果，你好奇地关注它们，热爱它们。

▼ 屏顶螳　摄于海南尖峰岭

目录 CONTENTS

S prite

水洼里的生趣

SHUIWALIDESHENGQU

Chapter one

原野里的小水洼，是最不起眼的。

即使你从它们旁边走过，也不一定能注意到，因为它们太小了，连一朵云的影子也装不下；即使你是诗人，也不能把它们称为镜子，因为很多青草蹿出了水面，把你想象的镜面遮得严严实实。

但是，这些不起眼的水洼却有着无限的生趣，它们是许多昆虫的生命摇篮，也是重要的生活舞台。

原野里的水洼，很少有死水一潭，它们都由或明或暗的水脉联系在一起，源源不断的活水，使蜉蝣、色螋、石蝇等对水质挑剔的昆虫也能生存。

▲ 水洼　摄于四川甘孜
雨中的水洼，像一件乐器，发出美妙的声音。

　　清晨，天上仍有着稀落的星子，水洼里，精彩的演出已经开始了。
此时的主角是蜻蜓的稚虫，在成功地经历了一段时间的水下生活后，
它们处于一生中最微妙的时刻，浑身泥泞的稚虫听到了蓝天的呼唤，
兴奋地从石块下从水草根旁爬出来，爬出水面，爬到草叶上、灌木枝上。
来不及滴干身上的泥水，它们的身体就开始了迅速的变化：一架全新
的微型飞机渐渐与包裹着它的外壳脱落。原稚虫的壳在背部裂出一道
口子，蜻蜓拖着折叠的翅膀，从那里挣脱而出。它们爬到合适的位置后，
就静静停下来，耐心等着翅膀张开并晾干。接下来，它们将进入永不
疲倦的飞行游戏中。

　　我不止一次地在微弱的晨光中来到水洼边，观赏蜻蜓羽化的过程。
有时，我仅仅是个迟到者，蜻蜓们早已离去，在草叶上留下一些空壳。

　　有时，露出水面的石头，简直成了各种幼虫或稚虫遗留空壳的展
板，除了蜻蜓，还有蜉蝣、石蝇幼虫留下的精致纪念品。它们也间接
说明：野草下面的浅水，并不像我们看到的那样是一片沉寂。

　　我对水里的昆虫活动，一直有着浓厚的兴趣。虽然拍摄水下昆虫，是极为困难的。

　　一般来说，凡是有流水经过的水洼，都很容易发现蜉蝣的幼虫。冬天里，我常常在水下的石块上，发现蜉蝣的幼虫。我觉得浮蝣幼虫的造型极有观赏价值，眼睛夸张，尾须飘逸，有一种很特别的美。

　　蜉蝣幼虫靠吞食藻类成长，它们依赖水质，又依靠自己的生命活动，控制着藻类的密度，让水质保持清洁。繁殖能力超强的浮蝣，在水中所起的特殊作用，已引起科学家们浓厚的兴趣。人们可以向它们学习很多东西。

鱼蛉　摄于重庆青龙湖
鱼蛉，它的稚虫也在水里生活，以捕食
小型水生动物为生。夏天，在潮湿的溪流
或小河边翻开石头，很容易发现其踪影。

水洼里还可观察到许多有趣的东西。石蛾的幼虫，在保护自己方面是很有想象力的，也很有设计、建造方面的天赋。它收集碎石、细枝，为自己建造房子，然后很舒服地住在里面。有的则像寄居蟹一样，拖着房子四处游荡。

石蛾成虫喜欢在水边的草丛或灌木丛中活动。这是一种很有意思的昆虫，可惜多数时候，因为其成虫的外貌，人们将其误认为司空见惯的蛾子。

我教你一个区别石蛾和蛾子的办法：石蛾的翅上长的是毛，而不是蛾子那些小鳞片。有机会的话，可以试着观察一下，区别其实挺大的。

鱼蛉的幼虫，因为比较凶悍，捕食蜉蝣幼虫、小鱼等，它才不需要为自己修建盔甲呢。它们长得像水下的蜈蚣，有着粗糙、旧暗的表面，在石缝里、沙石间狡猾地潜伏着，随时准备袭击路过者。鱼蛉在云南大理一带的小河小溪里特别多，当地人称为爬沙虫，自古以来是一道美食。由于太受食客喜欢，价格直线攀升。那一带的珍贵种类是否会因人们的贪食逐渐绝迹，这是一个令人忧虑的问题。

▲ 负子蝽　摄于重庆樵坪

▲ 龙虱　摄于重庆樵坪

水注居民中，水龟的活动格外引人注意，因为它们是生活在水面的。它们为什么能在水面上行走，也是科学家非常感兴趣的问题。传统的说法是，它们多毛而有油脂的脚可以利用水面的张力；最新的说法是，它们利用了水面下一些看不见的小漩涡。

与水龟同属半翅目的昆虫，还有一些也依赖着小溪或水注。仰泳蝽看似仰卧着，悠闲地看看蓝天，懒懒地在接近水面的地方划动，实则紧张地侦察着水面上的动静——一旦有叶蝉或蝗蝻从草丛上跌落水面，它们就会迅速靠近，发出致命的攻击。划蝽也是类似的角色，但远不如仰泳蝽凶悍，更多时候，它们潜于靠近水底的地方，等待着不能挣扎的食物。

　　常常我们能在水边发现成群的水黾若虫时聚时散，组成了一幅变化着的抽象图案。这个图案就像是水洼这本书的封面，它提醒我们，里面有许多生命的奇迹，等待着我们去慢慢观赏。

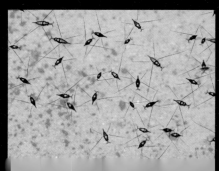

黑夜里的 小灯笼
HEIYELIDEXIAODENGLONG

Chapter two

听说过萤火虫的人很多，很清楚地看见过它的却并不多。

我还记得第一次看见萤火虫的情景，那是数年前的一个下午，在某个果园的山坡上，我看见一只艳丽的甲虫，正在草丛中拼命地向高处爬。在最高处，它突然弹开鞘翅，甩出了半透明的柔软翅膀飞了起来。这个过程中我注意到，它有着漆黑的甲壳，橙红的背板，细长的触角，就像一个戴着红色头盔的武士，它背后不时扇动的翅膀，使它看起来更像一个神话中的角色。

▲ 窗萤　摄于重庆下果园

窗萤　摄于重庆中梁山

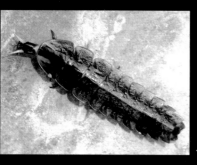

▲ 某些雌性萤火虫翅膀退化。

　　我顾不得身边的东西，像着了迷一样跟着它跑，凭着直觉追踪着天空中的那一个小点。终于，在它笨重地降落时，我赶到了它的附近。几乎所有甲虫在结束飞行时，都会重重地下坠一下。这个艳丽的小东西也不例外，像有点力不从心的样子，栽落到草地上。我得以细细打量它。老实说，它躲在红色盔甲下，灵活地伸来伸去的头，贼亮的眼睛，给我留下了深刻的印象。

　　当晚，我翻阅昆虫书籍，为它验明正身。原来，它就是大名鼎鼎的萤火虫，不过，算是萤火虫中比较好看的，叫"窗萤"。我略感惊异，没想到萤火虫会如此漂亮。因为过去从书上看到的，都是长得比较朴素，一副不起眼的样子。

▼ 黑暗中，萤火虫的小灯笼一闪一闪。

▲ 雌萤 摄于重庆四面山

　　不过，这符合多数人的思维定势，一般在黑暗中有惊人表演的家伙，白天必定其貌不扬。

　　有很长的时间，我没有再看到窗萤。在山中的夜晚，时常看到星星点点的萤光，在风中时上时下，却很难把它们抓在手中，只能猜想它们的样子。

▲　白天活动的锯角萤，发光能力已经退化了。　摄于重庆金佛山

庆虫虫特工队论坛上发布了见解：我终于知道萤火虫为什么会发光了。因为长得太丑，只敢晚上拖个小灯笼出来散步，白天一般躲在屋里。

她看见的，其实是某种萤火虫的雌虫。有些萤火虫的雌性没有翅膀，它们保持着类似于肉食性的幼虫的形状。它们抛弃了翅膀，也顺便抛弃了天空，以此作代价，它们进化出格外丰满、有益于生育的身躯。在进化的漫长进程中，它们选择了一条奇特的偏僻小道。

人类美与丑的观念，从萤火虫的角度来看也许莫名其妙。有的萤火虫含情脉脉地在夜空中飞来飞去，就是期待着与这些长得像蜈蚣的雌性约会。不过，它们并不在乎对方的容貌，因为它们的联络初期，是靠各自发出的萤光信号来进行。这有点像网恋，

▼ 曲翅萤　摄于重庆四面山

之中。

　　说到萤光，其实比起讨论它们的长相来，萤火虫的发光有意思得多。每个萤火虫的腹部，都有数千个发光细胞，它们共同组成一个发光"车间"，依靠有限的某种物质的氧化作用，高效率地产生出萤光。

　　一只萤火虫成虫，能照亮周围的一小块黑暗。成千上万的萤火虫，能把一座夜色里的山峦，装点成水晶一样透明的庞大建筑。这样的奇观，多次被萤火虫爱好者观察到。天啊，那该是多么令人激动的场面。

　　萤火虫的联络与互相吸引，依靠的是一种在体内发生的化学反应过程。其实，人类的爱情，也是由复杂的化学过程来诱发、表达、

▼ 雄萤　摄于重庆中梁山

▲ 窗萤　摄于重庆四面山

巩固的。我们人类，对心理层面的爱情奥秘研究有限，对物质层面的感情发生原理研究更有限。其实所有的心理活动，包括对美丑的感受，包括爱与恨，都是通过复杂的物理、化学过程来完成的。只不过，我们现在仍然一无所知。人类已有的知识，与庞大的未知比较起来，仍不过是萤光点点。

窗萤飞时，个体稍小，拖着一层灯笼的，是雄性；个体稍大，拖着两层灯笼的，是雌虫。至于那些不能飞的种类，不用说，它们发光的窗户，肯定是两扇。也就是说，雌虫投入爱情过程的热情和能量，都是雄虫的两倍，它们比雄虫更渴望着爱情。但是，能够成功完成交配，并在溪流、水田附近产卵留下后代的，是其中的少数。

唉，这些黑夜里的小灯笼，这些比身体还大还亮的光芒，更多时候，只是孤单地在夜空中穿行，永远找不到另外的一个自己。

▼ 拟叩甲　摄于重庆四面山

性是 美丽的
XINGSHIMEILIDE

Chapter three

　　人类许多疲倦的婚姻里，充满了性的麻木、相互倾轧或应付，美好的爱情总是那么珍贵而且转眼即逝。

　　反观大自然，性却要原始、野气、美丽得多。

　　春天到来，许多植物在阳光下展示出它们鲜艳、芳香的繁殖器官。空气中的花香，是性的美好气味，里面有生命延续的神秘和喜悦。在植物营造出的舞台之上，昆虫则繁忙地展示了更为复杂、精致的繁殖活动。

对昆虫的爱情解读，离不开化学物质。这些特殊的物质使昆虫不顾一切，投入到性的舞蹈之中。这也是它们生命中的华彩段落：蝶的相互追逐，蜻蜓的杂技，天牛相互轻轻碰击的触角，萤火虫一闪一闪的灯语，都是大自然最有观赏价值的细节。

有一年，我在云南大理漾濞县的大浪坝，目睹了一场由斑蛾出演的盛大爱情舞会。

那是在一个林中空地，刚走到空地边缘的时候，我被地上的金丝桃所吸引，这种金黄色的野花很奇特，远远望去，像是在草地上铺了一层酒杯。风一吹，这些酒杯摇摇晃晃，很有意思。

▲　斐豹蛱蝶　摄于重庆樵坪

▲　云南旭锦斑蛾　摄于云南大浪坝
斑蛾的热恋就像它们的色彩一样，浓烈又热情。夏天，在云南大浪坝，云南旭锦斑蛾鲜艳的翅膀就像花朵铺开在灌木、草甸之上。

▼ 艳娘　摄于重庆四面山
逆光中的艳娘。

金丝桃的花丛中，可能是海拔比较高的缘故，没有看到大型的凤蝶，只有灰蝶、蛱蝶在其中时飞时停。

突然，有一团鲜艳的颜色引起了我的注意。一只似蝶似蛾的东西，从前面二十多米的地方一掠而过。我本能地跟着它跑了起来，想看清它是什么。

▲ 蟒 摄于重庆南山
交配中的蟒，谦虚地躲在蔓藤的阴影里。

在一个积水的小洼地，它停了下来，可能是烈日下蒸腾起来的水汽把它
吸引住了。它慢慢靠近潮湿的泥土，把卷曲的吸管伸出来，欢喜地吸了起来。

我在它的对面小心地蹲下来，原来是一只漂亮的斑蛾。我正要看个究竟，
它却决然地飞了起来，匆匆地飞走了。莫非有什么比补充水分更重要的事情
吸引着它？

我好奇地站起来，努力追踪它飞的方向。

好在这是一片空地，没有什么可以妨碍我的视线。我看着它朝着东北方
向飞去，似乎降落在了一棵树上。

过了五分钟，我绕过了水洼，进入到那一带。

我看到了神奇的一幕：有四五十只漂亮的斑蛾在这里兴奋地飞起又降落，
就像在举行一个舞会。

▲ 螳螂　摄于重庆圣灯山

▲ 鹿蛾　摄于重庆七跃山

▶ 中华原螳交配中，与传说的螳螂
交配后雌性会吞食雄性不同，这
一对看上去都低调而安全。
摄于重庆大圆洞

降落的斑蛾，虽然带着舞蹈后的兴奋，仍然是充满警觉的，在我靠近、再靠近的过程中，不时有斑蛾机敏地飞走，与我保持着足够的安全距离。

但我很快发现，也有例外——那些正在交配的斑蛾，好像对外界对所有危险都失去了兴趣，它们专注于自己的对象，保持着恰到好处的姿势。

一只斑蛾再漂亮，也只是半朵花的形状，它们合在一起，正好形成一朵完整的花。

我数了一下，这样完整的花足有十余朵。嗯，这是我见到过的昆虫界最艳丽的情事。

可以与之匹敌的是，在四川省的青衣江上游的槽渔滩峡谷里，当地人给我描述过这里的萤火虫群聚的盛况。据说，在一个潮湿的绝壁上，发着光的萤火虫，把这面空中绝壁变成了一块闪闪发光的巨大玻璃。

▲ 筒天牛　摄于重庆青龙湖
雄筒天牛向"美女"表达爱情的方式，是用触角轻碰对方触角，直至对方产生好感。

◀ 豆娘　摄于重庆北碚
豆娘的交配动作就像杂技，既有难度，又相当优美。

◀ 一对交配的点玄灰蝶停留花朵上。
摄于重庆金佛山

　　萤火虫的发光，与求偶有关。这样的场面，听说时真是心向往之，可惜没有机会一睹这神奇的盛会。

　　也有很多昆虫，并不倾向这种集体求偶活动。事实上，我见到的绝大多数昆虫的交配，都避开了热闹的场所，私下恩恩爱爱。

　　有的昆虫，虽然足够野性，但举止远比我们想象的要绅士。

　　我曾经目睹过一对简天牛的交配。

　　雄天牛在靠近雌天牛后，并不急于做什么过分的动作，而是用左边的触角轻轻碰一下雌天牛的触角。

　　在这种轻轻的触碰中，本来还有点烦躁，想从异性的追逐中脱身而去的雌天牛渐渐安静下来。它们的触角摇晃着，轻轻碰击着，像是一种特殊的絮语。这样的絮语居然可以进行十几分钟。以昆虫的寿命来说，这样的交流时间已经是相当长了。它们的感情生活真是精致而优雅。

　　生物学家总是说爱情其实是一连串复杂的化学反应。那么，人类和昆虫的爱情并没有什么本质的区别。

　　虽然这样说，有被人们指责的可能。但葬送人类关于永恒爱情的许多奇思妙想，倒不会是因为这个武断的结论——更多时候，现实的功利性来得更加陡峭和严峻。

　　昆虫在我们对爱情的灰心丧气中飞舞着。在由人类巨大无边的绝望组成的背景前面，它们美丽的性，格外显现出一分诗意。

▶ 姬蜂虻交配的时候，也会忙碌地采食花蜜，就像在举行奇妙的空中飞行婚礼。　摄于重庆楠竹山

▲ 半逆光下的蜉蝣　摄于重庆四面山
　　蜉蝣成虫总是晶莹剔透，像精致的工艺品。那么美，
又那么脆弱，令人感叹它们短暂的存在。

优雅 舞者
YOUYAWUZHE

Chapter four

夏天的傍晚，羽化后的蜉蝣在水边随风飞舞。如果数量多，它们会像缕缕灰色或者绿色的轻烟，在风中摇曳不定。

如果你靠近这轻烟，你会看到一场进行中的壮观舞会——成百只蜉蝣疯狂地时升时降，仿佛在追随着某个我们听不到的旋律。

是的，一定有我们所不知的旋律，在大自然中起伏不定，引领着万物生长、繁殖、进化。我们听不到，但是，通过飞舞的昆虫，却能领略到那神秘而伟大的乐章。

　　无声的群舞中，不时有筋疲力尽的舞者悄然退场，它们多数是在飞行中完成了交配任务的雄性。它们摇摇晃晃，栽落到水边的草丛或碎石上。在西沉的落日面前，也许是最后一次抖动透明的翅膀，向自己的一生告别。

　　这是昆虫界的天鹅之舞，而蜉蝣远比天鹅更纤弱，更令人心痛。

　　亚里斯多德看到了这个情景，他把蜉蝣命名为"*Ephemeron*"，直译过来便是短暂的事物。

　　中国的古人也看到了这个情景，用"蜉蝣"两字形容其飞行的样子，用"朝生暮死"概括它们的一生。

　　面对这样美丽而短暂的生命，古人们的感叹是幽深而沉重的。多年后，我站在溪水边，望着群舞的蜉蝣发呆，我能感觉到，他们的感叹声正轻轻地砸在我的心上。

　　"浮游一生。"我不禁轻声吐出这四个字。

　　当然，我们现在已经知道，人们看到的蜉蝣其实只是它的成虫时期。在它们能够飞行之前，它们以另一种形态生活在水下，至少一年甚至数年。

　　我第一次看到蜉蝣的稚虫，是几年前在重庆垫江县的明月山上。当时，我们正沿着一条小溪寻找蝴蝶。

　　同行的朋友蹲下身子，从溪水中随便捞出一石块，咕噜了一声："蜉蝣的稚虫。"我好奇地接过石块，隐约看见一只很小的半透明的扁扁的虫子，吸附在石头上，尾须拼命地扭动着。

　　从那一天开始，每每经过水质好的溪流，我都要小心地摸起石头来欣赏蜉蝣的稚虫。我渐渐找到了更大的稚虫，也看得更清楚了——它们看起来更像是二维

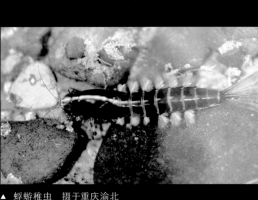
▲　蜉蝣稚虫　摄于重庆渝北

▲　蜉蝣稚虫　摄于重庆大圆洞

▲　蜉蝣　摄于重庆王二包
　　水边的石壁，也是蜉蝣喜欢的藏身处。

▲ 蜉蝣稚虫　摄于重庆梨子坪

生物，身薄如纸。但是仿佛由透明的液体构成的小生命，却充满了动感和灵气。

　　也许，只有童话中的精灵，才有资格拥有像蜉蝣稚虫那样夸张而可爱的一对复眼。研究久了，我时常有一种错觉——这些稚虫腹部宽阔、尾须细长、身体轻薄，就像一些超小的风筝，在水里轻快地飘动着。那么，那收放风筝的细线又在哪里呢？

　　溪水是稚虫的幼儿园。它收容了无数蜉蝣这样的小生命，年复一年，直到某个春暖花开，稚虫听到了陌生的呼唤，终于忍不住爬出水面。

　　这是奇迹出现的时候，因为稚虫的身体里，另一个更美妙的身体已经准备得很充分了。

　　往往是在星空下，成熟的稚虫爬上溪边的石块、草茎，一切略高于水面的地方，都可以帮助它们完成羽化。星空下的空气，是浑浊的、半透明的。就在这相对安全的黑暗中，稚虫的身体慢慢晾干，变干的躯壳，又从背部裂开一个口。全新的蜉蝣就从这个背部的伤口露了出来。

　　现在出来的，还仅仅是蜉蝣的亚成虫，它们还将经历一次类似的蜕变，才能进入成虫阶段。

　　不知是否因为物种十分古老的原因——它是世界上现存生物中，最先拥有翅膀的昆虫，它们在一生中完成的蜕变次数是惊人的，有的种类仅在稚虫期就有

▲ 紫假二翅蜉　摄于重庆四面山

二十多次。它们就像过于爱美的女子，不停地抛弃旧衣，另披新装。

　　夏天是观赏蜉蝣的最佳季节，清晨可到溪边寻觅刚羽化的亚成虫，否则，等它们的翅膀晾干，再想找到它们，就很不容易了。

　　不过，在离溪水不太远的地方，只要是有灯光，就很容易吸引蜉蝣飞来。尾须长长的蜉蝣，是乡村窗纸上的常客。如果你有兴趣，大可开窗放客人进屋，借以细细观察它们的样子。

　　同样是喜欢灯光的昆虫，我觉得蜉蝣比蛾子可爱多了，因为它们更轻盈，飞来的时候，不会发出扑腾声，而且也比较安静，总是待在灯罩上一动不动，像为我的灯罩挂上了一些优雅的纪念品。

　　到了早晨，这些纪念品会后悔自己聊作摆设的身份，重新对窗外的朝阳充满向往，于是，轻扇着翅膀悄然飞走。

　　我早晨来到窗前，果然看见一度繁华的灯罩，恢复了朴素的米色。于是打开电脑，开始敲打这篇关于蜉蝣的短文。一时未能尽兴，干脆，再抄一首我喜欢的诗在此，出自《诗经·国风》，轻声诵读能隐约感到上古音乐的节拍，这节拍足以让劳顿不安的心，变得清静、透彻许多。

　　蜉蝣之羽，衣裳楚楚。心之忧矣，於我归处。
　　蜉蝣之翼，采采衣服。心之忧矣，於我归息。
　　蜉蝣掘阅，麻衣如雪。心之忧矣，於我归说。

▲ 紫蜉 摄于重庆四面山

▲ 九重葛　摄于重庆溯源居
菠萝格上堆满了九重葛和紫藤叶。它们也能成为昆虫居住的乐园吗?

露台上的访客
LUTAISHANGDEFANGKE

Chapter five

　　自然的绿意并不只是在深山之中，白云之上。只要稍微把握机会，自然之树的美妙枝叶，也有伸进我们房间来的可能。

　　住在筒子楼里多年，住在防盗网里——全家像住在一个鸟笼里多年，上面的理念，仍然时常在我心里徘徊，让我贼心不死。由于这一贼心，在搬家的时候，我固执地选择了无须防盗网的带着露台的房子。

▲ 透翅天蛾　摄于重庆溯源居
飞翔中的透翅天蛾。这是我最偏爱的访客，总是拿着相机，对着它永不厌倦地按动快门。

在经历了带露台房子装修的额外负担之后，在经历了防雨防漏的艰苦而又令人沮丧的过程之后，我感觉就像渐渐爬出了黑暗的隧道，来到一个符合自己的天地里：菠萝格上的藤和树形成了一个安静的环境，更重要的是，整个这一层楼的人家，都爱在露台花精力，因而差不多连成了一个绿色的空中走廊。菠萝格下，我有预谋栽种的植物也成了气候。

大自然不会视而不见的，何况小区就在南山脚下，昆虫们会很快看见这一切的。果然，这空中走廊，很快成了许多蝴蝶的首选旅游线路。玉带凤蝶、青凤蝶、蓝凤蝶、蛱蝶，以及粉蝶等，喜欢沿着这条线路来来去去，时而悠游，时而相互追逐。傍晚，在水景边飞了一天的蜻蜓，喜欢到这一带来随便选根枝条挂着，等着又一个热闹白天的到来。

当然，小东西更多。那些浓密的枝叶中，瓢虫在小心地爬来爬去寻找蚜虫，有时，无意中会把躲在叶子背后的草蛉吓一大跳，它们同为蚜虫的天敌，彼此却并不熟悉，结果多半是草蛉轻盈地飞走，换一个地方发呆。

　　如果把我在露台上发现的昆虫种类记录下来，也许会有一个长长的清单。不过，数量最多的是尺蛾的幼虫，名为尺蠖，它们什么植物都吃，我不得不动手清理它们，把它们扔到鱼缸里去。我养了八年之久的锦鲤，对这种无污染绿色食物，很快吃上了瘾，现在对吃了七年多的面条，都有点爱理不理的了。

　　除了尺蠖之外，我对其他来吃植物的昆虫都网开一面，去年秋天的时候，植物还刚长起来，有一只老蝗虫，就很不客气地飞来吃我的月季，我假装没看见。还有几只天蛾的幼虫，很舒服地啃着我的黄桷兰，考虑到黄桷兰叶子够多的了，我也假装没看见。

　　其实，何止是假装没看见，有的植物就是为昆虫栽种的礼物。我栽了两棵金橘，故意过度施肥催叶，因为它们的嫩叶是很多蝴蝶的最爱。今年，我露台的一角，完全成了蝴蝶的培养基地，估计有 20 只以上的玉带凤蝶、柑橘凤蝶和蓝凤蝶，在这里经历了卵、幼虫、蛹的过程，最

▼ 食蚜蝇　摄于重庆溯源居
　食蚜蝇最喜欢待在旱金莲上吸食花蜜，或在它附近练习飞行。

后羽化飞走。有一天早晨，在目送又一只新蝶飞上蓝天后，我儿子在旁边痴痴地问我：蝴蝶有没有感情，它们记不记得这里？

蝴蝶当然没有感情，它们凭天性生存。但是，即使不记得，它们也会来。因为我的露台上，有它们特别喜欢的金橘叶子的气味。

到了夏天，我的金橘基本上被蝴蝶幼虫啃光了，但是蝴蝶还是照样来，因为我的黄荆开花了。这是我为了勾引蝴蝶，专门去巴南区山上挖回来的秘密武器。

黄荆，除了其枝条可以用来更好地教育下一代外（古人说，黄荆棍下出好人），它可是重要的蜜源植物，而且花期特别长。

我的露台，因为黄荆的开花，陡然热闹起来。除了蝴蝶时常来玩之外，还有一些不速之客。

▼ 东方菜粉蝶　摄于重庆溯源居
东方菜粉蝶在旱金莲上产卵。

第一个意外访客是灶马，它奇特的造型立即把我迷住了，我记得它喜欢吃大白菜，立即讨好地递上一张洗净的菜叶，又准备了一个竹篓，它大大咧咧地住了进去。灶马在中国人的灶房柴堆里，生活了几千年。现在的楼房里，没它的地盘了。可怜老实的灶马们成了流浪汉。这只灶马在我的竹篓里待了一个星期，可能吃大白菜吃腻了，有点不高兴，不辞而别了。为此，我懊恼了好久。不过，它的来去与黄荆都没什么关系。

让我惊喜的另一个访客是透翅天蛾，这是一种白天活动的天蛾，飞行技巧一流，可以在空中悬停，为了停得更稳，吮吸花蜜更舒服，它喜欢把前足搭在花朵边缘。它的翅膀也很有意思，是透明的，像玻璃纸。它自然成了我偏爱的拍摄对象。由于天天相处，我几乎能准确知道它们的到来时间，下午下班只要路上不耽误，就

▼ 青凤蝶　摄于重庆溯源居
青凤蝶是南方常见蝶，幼虫取食香樟树叶等。

▲ 螳螂　摄于重庆溯源居
　　螳螂是不怀好意的客人，它对蝴蝶和蛾子兴趣浓厚。

能赶上看看它们。

　　进入炎热的盛夏后，黄荆吸引来了大量知了，今年重庆的知了特别多，它们趴在荆条上吸个不停，也鸣叫个不停。最多的一天，我一共数到了 11 只。当时就吓了一跳，心想，我的黄荆不会被它们吸死吧。于是，拿起竹棍把它们全赶走了。等我进屋，喝了几分钟茶又出来时，居然又有五六只停在了黄荆上。唉，也只好由着它们了。

　　到了晚上，凤蝶之类的就飞走了。但是灰蝶和弄蝶有时候会在黄荆上留宿，晚上还会有一些蛾类，被黄荆花的香气吸引过来，多的时候，会有几十只在它周围飞个不停。

　　除了金橘和黄荆，旱金莲也是为吸引访客而栽种的。很多人不知道，其实有的粉蝶很喜欢它。旱金莲对蜜蜂、食蚜蝇等也很有吸引力。利用旱金莲，我拍到了粉蝶产卵、幼虫、成蛹的全过程。

　　写到这里的时候，窗外下雨了，有点绵绵的，像秋雨。真的到了秋天的时候，我的露台就会逐渐清静下来吧。

知了和它的亲戚们

ZHILIAOHETADEQINQIMEN

Chapter six

　　知了，即蝉，是人们最熟悉的昆虫之一，它们无休止的鸣叫是夏天的象征。其实，据我的了解，大家熟悉的，也只是蝉科中的蚱蝉。蚱蝉长得黑里透红，特别是会发声音的雄性，简直像一个长着翅膀的发音器，它身体除宽阔的头部外，就是粗硕的腹部，正是它通过震动发出声音。蚱蝉的声音，嘶哑、尖锐、穿透力强，有刺耳之感。

胡蝉　摄于重庆四面山
胡蝉的声音不响亮，但清越、绵实，听上去比较舒服。

同样可以被称为知了的，还有很多种类。胡蝉是其中一种，它的声音要柔和得多，如果一个深谷中，只有一只胡蝉在鸣叫，你会觉得风中的树叶声，都可能淹没它的鸣叫。它因为得不到应和，听上去似乎有一点寂寞与委屈。

如果你认为蝉的特长只是声音——它们长得短粗如村汉，不耐看，那是因为你只见到了蚱蝉、草蝉或鸣鸣蝉。其实也有些蝉，是非常漂亮的。我在重庆石柱的大风堡原始森林中，拍到过网翅蝉，绝对称得上是惊艳的种类，它鲜艳的眼珠，精致、复杂的翅膀脉格，醒目

▲ 叶蝉　摄于重庆大木林场

◀ 斑衣蜡蝉　摄于重庆九重山

▲ 峨眉红眼蝉　摄于重庆四面山

的黄色头饰，足以让你屏住呼吸，赞叹造化的精妙。

　　虽然知了有如此多的兄弟，但是它们的亲戚数量更是庞大，在蝉所属的同翅目中，它们的形状、颜色千变万化，令人眼花缭乱。从渺小的蚜虫，到造型古怪的各种蜡蝉，都属于这个过于庞大的家族。

　　同翅目有一个特点，就是绝大多数种类和蚂蚁保持着奇怪的亲密关系。它们就像是蚂蚁的宠物，或者奶牛。蚂蚁甚至在天寒时，把它们搬回安全的蚁洞中越冬，天气好转，把它们抬出来晒晒太阳——总是小心地照顾它们。到了春天，又把它们抬回到最嫩的树梢，让它们

▲ 瘤鼻象蜡蝉　摄于重庆四面山

伸出自带的吸管——大吃大喝，并把不怀好意地凑过来的天敌赶走。当然，蚂蚁也不是义务劳动，对它们周到的侍候，回报是丰盛的。每当蚂蚁的触角友好地敲打着角蝉、广翅蜡蝉等时，它们就知道，该交点保护费了，于是，它们就努力地排出蜜汁，供蚂蚁享用。

　　这个家族中，有很多种类有极高的观赏

▲ 沫蝉　摄于重庆青龙湖
　请注意看，沫蝉的尾部正分泌出一滴蜜滴。

价值，值得向朋友们推荐——最容易被忽略的是叶蝉，因为它们个头很小，在草叶间飞来蹦去，很不容易被人注意到。如果你仔细看看就会发现，它们的身材修长，色彩鲜明，还比较耐看。

　　角蝉，在伪装方面是专家。它们的背部，总是长着类似于树枝的刺一样的角，又总会停留在树枝上合适的位置一动不动，除非你像我一样熟悉它们，否则是很难发现的。角蝉在进化中坚定地向树枝学习外形，结果长出伪装的刺，

蹦去，作短距离飞行。

沫蝉，是我比较偏爱的一个种类，它们都是色彩大师，使用斑点的大师，总是有着迷人的颜色搭配。南方的沫蝉是比较易见的，而它们的雌雄颜色有时又各不相同，所以我拍到了许多种不同色彩的沫蝉。

斑衣蜡蝉，喜欢臭椿、苦楝树，也喜欢葡萄。它们还喜欢在一起小型聚餐，把头凑在一起，津津有味地吸食树汁。如果是一只新来的，急匆匆地挤进这场酒会，先来的也不会抱怨，它们会朝旁

▲ 像瓢虫的瓢蜡蝉　摄于海南尖峰岭

▼ 角蝉　摄于重庆圣灯山
角蝉巧妙地伪装成树枝的刺。你能把它识别出来吗？

边礼貌地相让，立即继续埋头吮吸。斑衣蜡蝉得名于它们的翅膀，上面有明显的经过精心设计的斑点。其实它们另一个特征也比较好玩——触角退化成一对小红球，装饰在眼睛旁。所有同翅目的触角都退化得很厉害，只有蝉科、沫蝉科的某些种类保留着两根细细的天线，用以探测空气中的振动，但是也只有斑衣蜡蝉的退化方向最为奇特。

最后，我要隆重向你推荐极有观赏性的龙眼鸡，它有着小丑一样夸张的外形，长长的"鼻子"笨拙而傲慢地挺得很高，同时，它们又有着极为鲜艳的色彩。龙眼鸡是一种蜡蝉，它们总是在龙眼树、荔枝树上像啄木鸟一样轻盈地踱步。如果受到惊吓，它们会露出比外翅更艳丽的内翅，从你眼前一掠而过。

▲ 龙眼鸡　摄于广东鼎湖山
龙眼鸡的"长鼻子"很明显。清早，它们比较活跃，而傍晚，喜欢待在树上一动不动。

▼ 象蜡蝉　摄于重庆九重山

▲ 网翅蝉 摄于重庆大风堡

▲ 若虫　摄于重庆金佛山

可爱的 若虫
KEAIDERUOCHONG

Chapter seven

同翅目的昆虫，大都有着夸张的造型，而比蝉更小的一些种类，特别是象蜡蝉、沫蝉、蛾蜡蝉、草蝉等，绝对能给观者留下深刻的印象。

这几种昆虫，成虫已经长得不够严肃，让人忍俊不禁，它们的若虫时期，更是搞笑得无以复加。

作为不完全变态昆虫，若虫本来是一个奇妙的阶段，它们有着稚嫩的身体，无翅，又都有着和成虫大致相同的头部。好比是成熟的大脑袋，配上了婴儿的身体。这样的组合，实在

螳螂的若虫，蝗虫的若虫，各种螽的若虫，都是值得观察的对象。不过，比起这几种同翅目种类的若虫来，它们都不值得一提。

仔细看看它们，就会发现，它们是长得过于有表现欲了。而过于有表现欲的造型，甚至使我持有了疑心。莫非在它们的进化过程中，有人安排了一场后现代主义的设计大赛？

从它们的卵开始，这样的比赛就开始了。每一个卵里，都住着一个挖空心思、想要一鸣惊人的设计师。

比赛激发了创意，创意就意味着个性，而在设计成虫时，若虫阶段就好比是它们创意时的草稿。一般草稿比成品更加大胆，更加无所顾忌，因此，漫长的进化之后，我们就得以欣赏到一批极富创意的艺术品。

沫蝉的若虫，仅就造型而言，不算是惊世骇俗。但它们的生存方式却是超级

▼ 叶蝉若虫　摄于重庆四面山

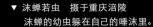

▼ 沫蝉若虫　摄于重庆涪陵
沫蝉的幼虫躲在自己的唾沫里。

▼ 瘤鼻象蜡蝉若虫　摄于重庆金佛山

▼ 象蜡蝉若虫　摄于重庆大圆洞

害关的——它们总待在自己的唾沫里，以
此避开天敌。如果你在野外看到灌木草丛
中，总是有一些唾沫团子，别以为有人如
此不拘小节。团子里必定有着沫蝉宝宝。
原来，唾沫竟有这样的用处，人类中那些
过度饶舌的人，是否也是用这种方式来保
护自己呢？

　　广翅蜡蝉的若虫，把自己想象成一
只孔雀，而且，是永远开屏的一身雪白的
雄孔雀。它的身后，总是展开着一些洋洋
自得，类似翅膀的东西。可惜，它的头部，
都远不如孔雀纤长优雅。在白色的盛装的

▲ 广翅蜡蝉若虫　摄于重庆南山

▼ 沫蝉若虫　摄于重庆缙云山

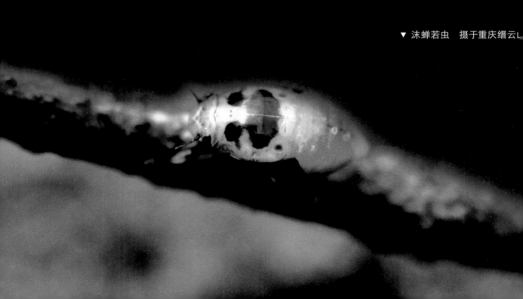

▲ 扁叶蝉若虫　摄于重庆四面山

中心，露出的却是一个笨拙的小秃头。广翅蜡蝉的若虫就是这么有做喜剧演员的天分。

　　有些叶蝉的若虫就像一些玻璃制品，透明，透光。如果是早晨，它们总是群聚在草叶上，让晨光自在地穿过它们的身体。到了正午，它们就转移到草叶的背边享受清凉。有一段时间，我迷恋叶蝉的若虫几乎上了瘾。只要有在野外散步的机会，都会蹲下来寻找叶蝉的若虫。发现更小一点的叶蝉若虫，由于有着鹅黄色的足，更显得漂亮。

　　扁叶蝉的若虫，薄得已经不像虫子了，像一片薄薄的塑料，几乎看不到它们的足。

　　其内脏反而清晰可见，从这薄片中映射出来。象蜡蝉的若虫，看起来只是半只成虫，因为它们的头部看起来和成虫绝无差别。后头部以下，不好意思，简直小得可以忽略不计。

　　还有一些蜡蝉若虫，可以称得上是搞笑的极品，都是从一副威武的铠甲下面，一不小心露出嫩嫩的屁股。第一次看清它们的人，心情一定是意外又愉快啊！

▼ 蜡蝉若虫　摄于重庆四面山

▼ 蜡蝉若虫

▲ 剑凤蝶与垂丝海棠　摄于重庆南山

春天
CHUNTIANZHIYUE

Chapter eight

　　也许冬天会给人时间停滞之感，但春天绝对不会，它是剧烈而微妙地变化着的季节，日益不同的声音、颜色和温度都强烈地提醒你——整个天地处在最动人的运动中。

　　春天真是一个特别的季节。在春天，人是敏感又脆弱的，同时又充满了希望。其实，所有的生命，对春天都非常敏感。

二月的重庆南山，还是满眼的旧叶和枯草，嫩芽还在形成芽苞，草花也在谨慎的准备之中。一进入三月，所有的植物就兴奋起来，绿色开始在田野里蔓延，

◄ 雌性黄尖襟粉蝶　摄于重庆南山

▼ 黄尖襟粉蝶　摄于重庆南山
　黄尖襟粉蝶翅底白色，背面前翅尖钩形，呈黄色，
　故得名。此为雄蝶。

▲ 小黑斑凤蝶　摄于重庆南山

很快连成一片。桃花开了，梨花开了，蒲公英、路边菊、阿拉伯婆婆纳这样的野草花更是把田野变成了花毯子。成功越冬的昆虫们，兴奋地来到阳光下，感受着太阳的温暖。而许多新的生命，也在卵里蠢蠢欲动。

春天是许多昆虫的第一个舞台，它们从这里开始一年的演出，在一年里经历一代甚至几代，努力留下后代。直到秋风吹来，剩下的昆虫才回到土地中永恒地安睡。

但是，也有一些物种，对其他季节并不感兴趣，它们钟情于春天——在春天出现，又在春天里消失。如果你在春天里错过它们，便只好懊恼地期待来年。

对于南山来说，就有三种蝴蝶，只在春天里出现。它们是黄尖襟粉蝶、小黑斑凤蝶和铁木剑凤蝶。

黄尖襟粉蝶，是我在不经意间认识的。

一次四月的外拍中，我发现了一只个头很小的粉蝶，不停地飞动着，它扇动的翅膀似乎与其他粉蝶有所不同。拍到的几张照片都不太清楚，但是可以肯定，它和菜粉蝶明显不同——有黄色的翅尖，翅的腹面有绿色斑。它就像是一只经过艺术加工后的菜粉蝶，更漂亮也更醒目。

对于新认识的物种，我是有强烈兴趣看得更清楚的。后来几次上南山，我都仔细寻找这种粉蝶，直到夏天、秋天，可惜再也没有发现过它的踪影。

在网上查资料，恍然大悟，原来它是一种只在早春出现的粉蝶。

第二年四月初，我再次来到南山，终于看到了很多黄尖襟粉蝶，在油菜花里飞舞着。我上一年看到的是雄蝶，雌蝶除有翅尖外，一身雪白，与其他粉蝶很难分开。

认识铁木剑凤蝶，也有个插曲。我拍到的第一只铁木剑凤蝶，是没有尾突的，

▼ 小黑斑凤蝶　摄于重庆南山

因而，找不敢确认它是否是凤蝶。我把图片发给一个朋友，他笑了，说，这只蝶的尾突掉了。

我似信非信。到了周末，为了验证他说的话，我专程上南山搜寻这种蝴蝶，果然，在一簇香气浓郁的七里香花枝周围，发现了好几只，它们都拖着长长的尾突，飞来飞去，非常潇洒。

在拍摄铁木剑凤蝶的时候，我还拍到了一只黑色的蝴蝶，很像斑蝶，后来得知，它的名字叫小黑斑凤蝶。在进化过程中，为了模拟有毒的斑蝶，它甚至改变了形状，放弃了尾突。这真是一种有意思的蝴蝶。

这三种蝴蝶都是春天的忠实追随者，春天的三个精灵，也许敏感和脆弱，使它们无法在其他季节以成虫的方式生存，所以，才从来不飞出春天的地盘。

▼ 铁木剑凤蝶　摄于重庆南山
铁木剑凤蝶也喜欢大葱花。

　　幸好，春天有那么多花，比如七里香、大葱花、油菜花、萝卜花，为这三种蝴蝶提供了丰盛的蜜汁。春天用这样的礼物来安慰这些忠实而生命短暂的精灵。

　　这也使探访它们变得格外不容易，漫长的一年，只有十几天时间才能看到它们。在逐渐了解并喜欢上它们后，我已经养成了每年的三月底四月初，上南山专程去探访它们的习惯。不干扰它们的生活，只是拍照，有时，甚至都不拍照，只是在附近悄悄地观望。

　　这也算是一种春天之约——和三个神奇的精灵家族的年度约会，我希望南山的生态能保持完好，这个约会能一直继续下去。

▼ 菜粉蝶　摄于重庆南山
　　早春，蚕豆地里的菜粉蝶十分活跃。
　　一对交配中的菜粉蝶吸引来了第三者。

▲ 铁木剑凤蝶　摄于重庆南山
　 铁木剑凤蝶，一种比较有观赏价值的凤蝶。
　 主要分布在中国、尼泊尔、缅甸地区。

沉重的蝴蝶

CHENZHONGDEHUDIE

Chapter nine

　　我近年迷恋着的蝴蝶，不过是一些美丽的幸存者。在近百年来，蝴蝶的许多种类以惊人的速度消失着，成为传说或者梦幻。

　　在我居住的城市，同样经历着这恶梦般的蝴蝶悲情。

▼ 宽尾凤蝶　摄于重庆四面山

▲ 金斑蝶　摄于广东鼎湖山

　　1892 年前后，美国蝴蝶专家李奇（J. H. Leech），曾经在重庆的涪陵、湖北的长阳一带捕捉蝴蝶，共捉住了 137 种蝴蝶。几年前，重庆的蝴蝶专家们重走"李奇线路"，却痛心地发现这 137 种中，有 97 种蝴蝶已不复存在。有可能我们永远失去了它们，永远只能在李奇的著作里，依据那些美丽而旧暗的花纹，想象着它们翩飞的样子。

　　为什么蝴蝶会消失得这么快？原因非常简单：它们赖以生存的植物因为人类的活动而消失了。蝴蝶是典型的完全变态昆虫，一生要经历卵、幼虫、蛹、成虫四个阶段。蝴蝶的绝大多数幼虫都以植物为食，每个种类一般只食用某一科甚至某一种植物。比如，柑橘凤蝶的幼虫依赖柑橘或花椒，鼠李粉蝶依赖鼠李科的植物，木兰青凤蝶依赖木兰，等等。而百年间，我们身边的森林、草地，还有多少是以……的状态种类多样、丰富多彩地存在着？

　　就在几年前，重庆二郎附近一片荒草坡，是我拍摄昆虫常去……所。那里因为被征作开发，暂时又未建设，野草窜起一人多高。……片野草，正是一种伞形花科植物。它是金凤蝶的最爱，我在那里……拍到了漂亮的金凤蝶，也发现了不少金凤蝶幼虫，中国古人称它……香虫，是一种珍贵的药材，可治胃病，在《本草纲目》中亦有记……而今年，我想去重温一次与金凤蝶的相聚，又故地重游，发现荒……变成了路边的草坪，还有工人在仔细地为整齐的草坪浇水，不用……金凤蝶已不可能在此盘桓。

▼ 美眼蛱蝶　摄于重庆南山

我对人工草坪甚至人工园林，始终有一种根深蒂固的排斥。总来，一是因为它们太整齐，就像经过了电脑的格式化一样，整齐、却没有生命的野气。城市里的绿地，多半是容不得野树野草的，果是，新建成的街区，就像把别的街区拷贝了一份过来，从建筑的姿势到每一根草，都一模一样。而另一个重要原因，就是自然的绿地的消失，导致了包括蝴蝶在内的许多昆虫的消失。

◀ 金裳凤蝶的蛹　摄于广东鼎湖山

▼ 波纹眼蛱蝶　摄于广东白水寨
　 波纹眼蛱蝶是广东的优势蝶种，即使在冬天，
　 在山区仍随处可见。

▲ 斑蝶的蛹　摄于重庆王二包
斑蝶的蛹，总是悬挂在植物的茎上。

　　我很难想象，一个没有蝴蝶的花园，会是什么样子——像静止的，被按了暂停键的画面，还是一个华美的坟墓？

　　因而，我不得不产生这样的想法，我们现在还能拍到的许多蝴蝶，它们不只是轻盈的迷人的，同时还是珍贵的，一旦错过会永远失之交臂的。

　　同时，蝴蝶也是值得尊重的，它们与我们一样，经历了漫长的进化，有着绝妙的生存智慧。比如，枯叶蝶对枯叶的精彩模仿令人叹为观止。比如，红珠凤蝶因幼虫取食某种有毒的植物，而积累了毒素。鸟类对它大红而刺眼的警告色斑非常熟悉，通常避而远之。肩负着传

▼ 酢浆灰蝶　摄于广东肇庆

▲ 大二尾蛱蝶　摄于重庆青龙峡
大二尾蛱蝶主要分布在中国南方和东南亚地区

宗接代任务的玉带凤蝶的雌蝶，巧妙地模拟了红珠凤蝶的样式，以避开天敌。由于玉带凤蝶的雄蝶不像雌蝶那样，需要更多地采集花蜜，需要时时寻找寄主植物停留，所以就懒得模仿，仍旧保留着自己的模样。观察这些特别有意思的现象的时候，我常常忍不住开心地笑起来。

　　有偏爱，有怜惜，有尊重，有赞叹和欣赏。正因为有这样的复杂心情，我拍摄蝴蝶才会如此认真，有如从事一件严肃的工作一样。在盛大而严酷的夏天里，是拍摄蝴蝶最好的时候。因为，蝴蝶在阳光的照耀下才会活跃起来。几乎所有的周末，我都会驾车前往重庆附近的山里，挑选蝴蝶们喜欢的蜜源植物，小心地搜

▲ 银豹蛱蝶 摄于四川眉山

　　经过几年的拍摄，我熟悉了许多蝴蝶。在一些常去的地方，我甚至记熟了蝴蝶来去的飞行线路。每个季节，我也习惯了去某个地方等它们出现，就像等熟悉的朋友一样。拍摄蝴蝶时，虽然大多数时候我沉浸在一种单纯的快乐中，也有那么一些时候，蝴蝶正在消亡的事实，会像一团阴影混进我的心情中来，让蝴蝶的美变得分外沉重。

▲ 美凤蝶　摄于云南野象谷

蝶 之衣
DIEZHIYI

Chapter ten

如果你仔细观察过蝴蝶，你就会发现，它看上去是一种很不现实的物种。

它的翅膀差不多占据了整个身体的五分之四，这同时也意味着在它的生命中，飞行居然有这么重要的比例。此外，它极为丰富的颜色和图案，也令人叹为观止，有人说它们是飞着的花朵，其实花朵还真没有它们变化多端。

▲ 虎斑蝶　摄于重庆四面山

▲ 串珠环蝶　摄于香港湿地公园

▲ 交配中的白带黛眼蝶　摄于重庆铁山坪

▲ 绿豹蛱蝶　摄于济南九如山

▲ 一种罕见的蚬灰蝶　摄于重庆四面山　　▲ 艳眼蝶　摄于重庆金佛山

▲ 金裳凤蝶　摄于重庆黄安坝

　　飞行和美丽，对于寄生于植物间的蝴蝶，为什么会这么重要？难道它们是昆虫中的艺术家？物种的进化，难道真的只是功利性的趋利避害？为什么功利性的进化，能带来这么完美而复杂的，完全符合人类审美的物种？

　　蝴蝶，总是让我浮想联翩。也许就是这样的浮想联翩，让我成了蝴蝶迷。每观察到或者拍到一种没见过的蝴蝶，都会让那一天成为我的节日。高高兴兴，仿佛小醉地乐上一天。

　　我记得第一次看到宽尾凤蝶的

▲ 翠蓝眼蛱蝶　摄于重庆缙云山

▲ 彩灰蝶的雄蝶，正面都有耀眼的蓝色。　摄于重庆金佛山

情景，是重庆黄水的一次采风活动，接待我们的朋友正在集中大家讲话的时候，它出现了，我顾不得礼貌地追着它跑，终于拍下了它逗留于醉鱼草的照片。

我记得第一次看到金裳凤蝶的情景，在西双版纳热带雨林公园，看傻了看呆了，不知不觉，踩进了一洼雨水，皮鞋洗了个泥水澡。

我记得和鹤顶粉蝶的斗智，在

▲ 黑脉蛱蝶　摄于重庆金佛山

海南西岛，小心地靠近它数十次，都在镜头举起的瞬间飞掉，我连一张模糊的照片都没拍到。

我记得和褐钩凤蝶的唯一一次偶遇，那是在重庆四面山，它的反面很接近

▲ 柑橘凤蝶的五龄幼虫　摄于四川海螺沟

▲ 鹤顶粉蝶的幼虫，模拟蛇的样子。　摄于高雄美浓小镇

土的颜色，以至于我差点踩到了汲水中的它，它被惊飞的瞬间，我看到了它正面黑黄相间的耀眼斑点，那种惊喜又懊恼的心情终身难忘。

当然，观蝶的乐趣，远不止于第一眼看到它们的惊喜。绝大多数蝴蝶，

▼ 苎麻珍蝶　摄于重庆金佛山

▲ 美凤蝶 摄于四川华蓥山

▼ 大红蛱蝶 摄于重庆四面山
一只刚羽化的大红蛱蝶，完全不畏惧人类，居然飞来停到我手指上，赶都赶不走。

是经得起你反复看，天天看的。

更进一步，研究它们喜欢逗留于什么样的植物上，每天如何组织自己的巡飞线路，什么时候会到溪边的潮湿泥土上汲水，都是很有意思的事情。

有时，蝴蝶就在身边，我们却不一定能发现。比如，枯叶蛱蝶只有从栖身处飞出来，偶尔停留在有反差的枝条上，我们才容易看见它。

观察枯叶蛱蝶是件妙不可言的事，它不光精确地模拟了枯叶的形状、色泽，叶脉、叶柄也栩栩如生。最令人叹为观止的是，它还模拟了枯叶被害虫侵害后

▲ 花豹盛蛱蝶　摄于重庆关门山

▼ 拟斑脉蛱蝶　摄于重庆神龙峡

▲ 绿灰蝶　摄于重庆楠竹山

的斑点，以及枯叶因变质而特有的衰败味道。

　　枯叶蛱蝶的正面其实有着惊人的美丽，不过多数人并未见到，还以为它就只是一片枯叶的样子呢。

　　所以，像枯叶蛱蝶这类正反面相差很大的蝴蝶，扇动翅膀的瞬间，就像古旧低调的门突然打开，另一面鲜艳而骄傲的春光倾泻而出。

　　这就是我最爱的时刻，其他的人和事情一下子凝固了，推远了，世上只剩下了这充满了矛盾的，充满了复杂的美的翅膀，在忽闪忽闪地扇动。

▼ 散纹盛蛱蝶　摄于重庆金佛山

▶ 枯叶蛱蝶的正面　摄于重庆永川　　　　▲ 银线灰蝶　摄于重庆南山

▶ 丝带凤蝶　摄于济南城郊

寻找红粉蝶

XUNZHAOHONGFENDIE

Chapter eleven

英国昆虫学家大卫·卡特在他的《蝴蝶与蛾》中，毫不吝啬地称赞了一种名叫红翅尖粉蝶（*Appias nero*）的粉蝶。他把这种世界上唯一全然橙红色的蝴蝶，称为最吸引人的蝴蝶。从该书提供的标本照来看，触角细长，翅面是耀眼的橙红色，前翅尖锐。

▼ 红翅尖粉蝶 摄于云南西双版纳
群聚的红翅尖粉蝶。它们停着的时候并不显眼，而它们振翅飞动，露出翅的背面，鲜艳的橙红色有着惊艳的华丽。

　　在描述红翅尖粉蝶分布时，它有一个明显的失误，那就是没提到中国也有这种蝴蝶。由于对大卫·卡特的权威性坚信不疑，所以，我对红尖翅蝴蝶心向往之，却没敢奢望能一睹芳容。

　　有一年，我在云南西双版纳的野象谷，认识了一位养蝶多年的工作人员，她介绍了许多关于西双版纳蝴蝶的情况，我获益匪浅。其中一个信息，特别让我惊讶——她说，在野象谷，曾经有一种红色的粉蝶，非常漂亮。她已经有几年没见到了。她向我推荐基诺山，在那些山寨周围的小河边，可能有机会见到——假如，运气足够好的话。

　　莫非她提到的红粉蝶就是大卫·卡特力荐的 *Appias nero*？我的好奇心被彻底勾引出来了。我打开揉得有点破烂的西双版纳地图，找出了基诺山的位置，同时，仔细分析可能有这种红粉蝶的地方。

▼　鼠李粉蝶　摄于重庆大木林场
　　鼠李粉蝶，酷似一片树叶，山区常见。

▲ 云粉蝶　摄于云南苍山
云粉蝶，广泛分布在亚洲和非洲北部。

　　彩云之南，是蝴蝶偏爱的地方。云南的西双版纳，有着北回归线上最好的热带雨林，蝴蝶多达 300 多种，其中不乏珍贵、罕见的种类。我多少有点后悔，在来西双版纳之前，没有好好地研究一下西双版纳的蝴蝶名录。

　　在来到野象谷之前，我已经去过景洪附近的原始森林公园和景洪市内的花卉园。已经拍到了一种相当漂亮的粉蝶——优越斑粉蝶。

　　说起来，拍优越斑粉蝶的过程有点曲折。在原始森林公园，我几次发现优越斑粉蝶的踪影，让人泄气的是，它们总在高大、笔直的热带树木上活动。

　　在进入原始林区腹地后，栈道差不多与沟谷里的树冠平行，我已可以比较清楚地观察到优越斑粉蝶。它们飞着的时候，露出翅的白色背面，看上去与菜粉蝶接近，当然，线路不同，体型也更大一些。可惜我无法看得更清楚。为了等待更

好的机会，我在一段栈道上差不多苦苦等候了一个小时，可它们就是不飞近。第二天参观景洪花卉园，在一个安静的角落里，我意外发现几只优越斑粉蝶在一丛高大的灌木上起起落落。我轻手轻脚地靠近了这丛灌木，终于近距离地看到了这种粉蝶，它的腹面有着丰富、鲜艳的颜色。

在和养蝶人聊天后，我才进入野象谷溪流观察、拍摄。

那是一个蝴蝶纷飞的溪流，虽然没有发现红翅尖粉蝶，但我看到一种有趣的粉蝶——灵奇尖粉蝶。这种粉蝶在收翅停落的时候，前翅和后翅的腹面上的深色缘边会连在一起，远远看去，连同腹部就像形成了一个三角形。我觉得它是一种具有热带特征的粉蝶。

离开野象谷后，我继续踏上寻找红粉蝶之路。

▼ 方粉蝶　摄于重庆四面山

▲ 聚迁的迁粉蝶　摄于云南西双版纳

　　我计划先回景洪，再沿勐罕（即橄榄坝）、勐仑一线搜索，如果找到了红粉蝶，就节约时间，原路快速返回，如果没找到，就取道基诺山，增加搜索时间。

　　橄榄坝，是一块四五十平方公里的坝子，澜沧江从坝子中心穿过。坝子中，多村寨、溪流，因而自古以来，一直是个蝴蝶纷飞的地方。

　　我访问了二十多位当地人，都说十年前，街上的蝴蝶多得会影响视线。现在，已经有好几年没出现这样的情形了。见我打听蝴蝶，他们都表现出反感，反问我是不是也是来采标本的。可见，来采标本或收标本的人，从未少过。

　　在知道我只是观察、拍摄蝴蝶后，特别是看到我并没带来长长的抄网，当地人都变得友好起来，为我提供了很多信息。其中一个提到，就在澜沧江的对岸有

▲ 报喜斑粉蝶　摄于广东鼎湖山
　报喜斑粉蝶，分布在我国南方及南亚各国的常见粉蝶，它们如盛开的报春花，总在春季出现。

条溪流，蝴蝶很多。

　　但是，没有一个人记得有这种红色的粉蝶。

　　我背着包，上了辆三轮车，急匆匆往江边赶，不料，渡船刚刚开走。不知渡船是多长时间一班，我拎着包，望着江水，足足发了五分钟的呆。

　　当时就是这样奇怪，因为太想着过江，到对岸，我都没想到转过头，左右看看。

　　一只蝴蝶从眼前飞过，把我的视线从江水里拖到了渡口左侧。两眼当时就直了：至少有上百只不同种类的蝴蝶，在江边开满花的灌木里飞来飞去。

　　虎斑蝶、迁粉蝶、菜粉蝶、豆粉蝶、孔雀蛱蝶、波蛱蝶、蓝凤蝶、蓝点紫斑蝶等，我在后来的一个多小时里，竟发现了十余种蝴蝶。

　　这真是一个奇妙的渡口。

　　蝴蝶喜欢江边是有原因的，许多人认为，蝴蝶总是和鲜花在一起的。其实，夏天的蝴蝶更喜欢潮湿的泥土，因为它们可以通过潮湿的泥土补充身体必需的水和矿物质。

　　在橄榄坝对岸的村寨四周，我发现了群聚的粉蝶，三次在接近干涸的田地的角落，另一次，是在一条小溪边。

　　小溪边的这次群聚数量较多，可能有上百只蝴蝶密集地挤在一平方米的地方，相当壮观。时有蝴蝶被挤飞，甚至挤倒，但它们飞起后，转上一圈，又回到原处。

　　为了仔细观察这次群聚，我付出了点代价。因为那儿一面临水另三面都是高过人的芦苇。我得从芦苇中穿行到蝶群附近，还要小心——不能发出太大的声音，否则，它们会一轰而散。

　　30 米的距离我走了 30 分钟。手臂上划破了好多处，一身大汗。令人欣慰的是，在我进入有效的观察距离时，它们一点也没被惊动。烈日下，我津津有味地欣赏了 20 分钟左右，蝴蝶的聚会真是十分迷人。

▼ 优越斑粉蝶　摄于云南西双版纳

▲ 红翅尖粉蝶　摄于云南西双版纳

等我到达勐仑时，我已经差不多搜索了十几条溪流，亲眼看到红翅尖粉蝶的信心已经开始动摇。难道这美丽的蝴蝶仅仅出现在传说中？

但是，奇迹在我接近绝望的时候出现了，在一个名叫雨林谷的地方，我终于看到这种神奇的蝴蝶。

那是在雨林谷对面的一条小河边，估计有数千只蝴蝶在那一带来来往往，起起落落，形成数十个蝴蝶群。

这是任何人都不能忽略的奇观，蝴蝶像漫天秋叶，充塞着整个山谷。

我独自一人走进山谷，在蝴蝶群里小心地辨认着它们的种类。

凤蝶、灰蝶、蛱蝶……最多的还是迁粉蝶，它们浅绿色的翅膀，把其他蝴蝶几乎淹没了。偶尔，会有一只硕大的鹤顶粉蝶在眼前一闪而过。

▲ 绢粉蝶 摄于重庆大木林场

在步行了数百米之后，在搜寻了几十个蝴蝶群之后，前方土路边的一个潮湿地带让我眼前一亮——一群红色的翅膀在那里闪动着。

红翅尖粉蝶！*Appias nero*！还没靠近，我就很肯定地作了判断。

30 米、10 米、5 米、3 米、1 米……我离它们已经渐渐地近得不能再近。虽然，有几只已经惊飞，它们展翅的时候，我清楚地看到了它们鲜艳的橙红色的背面。而一些安静地吮吸水分的红翅尖粉蝶，只能看到浅红色的腹面。

蹲着看得累了，我干脆轻轻地坐在泥地上，一边喝水，一边含笑看着这些传说中的蝴蝶——原来，我离传说也可以如此之近。

星空下的华丽之舞

Chapter twelve

　　天蚕蛾的飞行犹如华丽的舞蹈。更令一般人想象不到的是，它们飞行最优美的样子，是我们看不到的。在夜色中，在星空中，凭借着月光或星光的提示，它们在高大的乔木树冠之间翩翩来去，或拍打着粗壮而宽阔的翅膀，或拖着优雅的飘带式的尾突。这样的情景，该是多么迷人的图画。

▼ 银杏天蚕蛾　摄于重庆王二包

▲ 绿尾天蚕蛾　摄于重庆南天门

　　可惜，我们看到的天蚕蛾，都是被人类的灯光所迷惑，失去了正确的飞行航向的迷航者。就像冲上海滩的海豚，陷入淤泥中的梅花鹿，它们很难表现出平时运动的优美身姿。

　　我们看到的是笨拙的天蚕蛾，它们围绕着路灯狂乱地飞行，最后竟像失去动力的飞机那样栽向地面。不甘心的它们又在地面来回扑腾，直至粗糙的地面磨破了它们华美的衣裳。当它们重新起飞后，并不能摆脱困境回到它们熟悉的星空下。因为人类的灯光在黑夜里实在太强了。它们又回到围绕灯光狂乱飞行的那一步。

　　对于天蚕蛾来说，灯光是它们遭遇的最大的黑暗，是耀眼的陷阱。

　　精疲力竭的天蚕蛾，最后绝望地停在电杆或墙面上，很可能，它们永远无法回到自己的森林生活中。

　　清晨，路灯熄灭了，匆匆上班的人们出门了，叽叽喳喳上学的孩子们也出门了。孩子们在电杆上发现了华丽到恐怖的天蚕蛾，不禁兴奋地围了上去。但很少有人敢用指头触碰它们，因为它们身上的鳞粉被认为是有毒的。

　　为什么天蚕蛾会让孩子们觉得有一些恐怖呢，我觉得除了它鲜艳的颜色和巨大的体型外，翅上常有的

▲ 黄猫鸮目天蚕蛾　摄于重庆四面山

眼睛状的图案也是重要原因。这本来是用来吓退大蚕蛾的天敌鸟类的。在人类面前，竟也有一点点威胁的作用。

　　孩子们围着安静的天蚕蛾惊叹着——这样的情景在我的童年时代是经常出现的。这真是令人怀念的场面。现在的城市离森林实在太远了，夜晚的城市已经耀眼得像一个巨大透明的发光体，但却不会有任何一只天蚕蛾飞来。对于喧嚣的城市，这是另一种寂寞。

　　在城市里，只有很少一些人会为天蚕蛾的华丽舞蹈而激动，并试图用人类的脚步，接近它们在星空下的飞行。

　　我的朋友张巍巍先生，就是其中一位。他是一位昆虫分类学家，因为工作来到我所居住的城市——重庆。重庆的天蚕蛾，种类相当丰富，这让他意外又兴奋。不久，他拿出大量的时间做重庆天蚕蛾的研究工作。

▼ 银杏天蚕蛾　摄于重庆四面山

昆虫研究是一件艰苦而寂寞的事情，当然，也可能非常有趣——如果你热爱它的话。

我有幸多次随同这位昆虫学家在重庆森林里进行天蚕蛾考察。白天发现天蚕蛾的机会还是很少的，黄昏的时候，张先生会挂好一盏灯，灯下悬挂一块白布。

这样的情景倒有点像放小电影。只不过，银幕上的主角是被诱来的各种昆虫。当然，他心中希望来的是盼望中的天蚕蛾。

天蚕蛾最爱在午夜之后到来。张先生

▶ 长尾天蚕蛾（雌）　摄于重庆圣灯山

▼ 钩翅天蚕蛾　摄于重庆圣灯山

▲ 长尾天蚕蛾（雄）　摄于重庆王二包

的寺待经常是很漫长的。在这些漫长的夏夜，张先生关于大蚕蛾的标本和记录迅速增加着——他发现了这个城市从未记录到的许多种类。这是最让他高兴的事情。

对于我和其他朋友，也通过这样的考察享受到观赏各种天蚕蛾的快乐，也认只了许多熟悉却叫不出名字的天蚕蛾。比如长尾天蚕蛾，它的后翅拖着两根长长的飘带，飞行的时候飘飘若仙。比如绿尾天蚕蛾，它一身粉绿色，质地有如丝绸，配合几枚眼形斑点，称得上粉翠缟素。比如银杏天蚕蛾，它后翅上的眼斑在灯光下格外耀眼。而尊贵丁目天蚕蛾，白天栖息时，不像一般天蚕蛾那样舒展着身体，它奇怪地蜷曲成一版枯叶形。比如樗天蚕蛾，它夸张的前翅有着非凡的气势……

以我了解到的知识，不少天蚕蛾还是会对森林造成威胁的，报纸上时有关于

▼ 绿尾天蚕蛾头部特写　摄于重庆梨子坪

▲ 天蚕蛾幼虫　摄于云南大理

银杏大蚕蛾的报道。但很多天蚕蛾对人类也有着贡献，比如柞蚕、樟蚕等，能够它们生产优质的蚕丝，自古便是人类的朋友。

如今，森林的价值已经得到人们的认同，相信依赖森林存活下来的天蚕蛾，会一直继续它们在星空下的翩飞。这才是让人感到最安慰的事情。

▼ 尊贵丁目天蚕蛾　摄于重庆黄安坝

▼ 曲腹华竹节虫　摄于重庆四面山

竹节虫 小记

ZHUJIECHONGXIAOJI

Chapter thirteen

让我们一起来想象一下侏罗纪时代的一个画面：浓密的植物一望无边，翼龙在空中飞过，巨大的影子把正在一簇灌木上觅食的几只始祖鸟吓了一跳，它们一哄而散。这是安静的没有食肉恐龙的时刻，长颈的雷龙舒服地吃着空中的树叶，小盾龙像武士，用两脚在灌木间穿梭。而被小盾龙擦过的枝叶，有一些粗壮的树枝突然飞了起来，两对强大的翅膀悠悠扇动着，这使它们就像浮在空中一样。

这些"树枝"正是史前竹节虫，它们和我们现在看到的所有竹节虫都不一样。据我所知，北京一所大学曾经以十多年时间寻找研究昆虫化石。从人们发现的侏罗纪时代的竹节虫化石可看出，它们身躯硕大，拟态并不明显，前翅也没有退化，它们的飞行能力是很强的。

恐龙从地球上已经消失，史前竹节虫仍然成功地生存了下来，它们经历了丰富而奇特的进化，如今仍是热带和亚热带丛林里的活跃居民。

与史前竹节虫相比，在进化的道路上最为懒惰，变化最小的一支要算澳大利亚的一种被称作"陆地龙虾"的豪勋爵岛竹节虫。

在没有什么天敌的孤岛上，它们保留着硕大的身躯，并且干脆丢掉了翅膀，过着悠闲的生活。它们的社会是母系社会，因为它们依靠的是孤雌生殖 ——这倒是竹节虫常见的生殖方式。

这种原始的竹节虫的天堂已经被人们的活动所破坏，搭乘人们船只来到岛上

曲腹华笛竹节虫　摄于重庆四面山

▲ 竹节虫若虫　摄于重庆圣灯山

的老鼠，在这里疯狂繁殖。肥美的竹节虫，成了它们最喜爱的食物。这种原始的竹节虫很快就消失了。80多年前，人们就绝望地宣布了它们灭绝的消息。神奇的是，最近，科学家在别的海岛上竟又发现了几只。它们现在已经成了极为珍稀的种类，人们正在着手让它们繁殖下去。

史前竹节虫的另一支，发展了它们的伪装术，使它们成为最经典的拟态大师。这一支即叶子虫，也称叶䗛。叶䗛有着惊人的

▲ 察觉到危险时，多数时候竹节虫会紧贴植物，一动不动，像一截枯枝。偶尔，也会卷起腹部，微微抖动，作出似要恐吓对手的动作。　摄于重庆四面山

拟态和保护色，尤以它们中的雌性最为出色。如果没有专业的眼光，即使它们处在你的眼皮底下，你也很难把它们和一些宽阔的绿叶区别开来。

其他的竹节虫的进化过程同样曲折复杂，它们大多数最后形成了酷似竹节或树枝的造型，和叶模拟树叶相区别，它们更多地模拟植物的枝条。当它们被外界惊动后，会自动掉落到地上一动不动。

最值得一提的是，科学家们发现，它们在进化的道路上，曾数次丢失翅膀。但又在后面的进化中，重新长出后翅，拥有了飞翔的能力。这种罕见的失而复得，表明了进化并不是单向度的。生命在进化过程中有时也会表现出矛盾和犹豫，我觉得，这不仅有趣，还能引发许多思考。

植食性的竹节虫，奇特的形状，最能引起孩子们的兴趣。要捉它们来玩，须注意不要直接抓它们的足，因为在竹节虫挣扎时，足是很容易断的。从这一点来看，它们倒很接近直翅目的昆虫，比如螽斯、蝗等，它们的足也都是很容易断的。

如果仔细观察竹节虫的头部，你一定会大吃一惊，它们很像科幻片里那些外星生物啊——没有毛发的头顶，凸出眼眶的眼睛，莫名其妙缠绕着的一排管子，

▼ 竹节虫的交配　摄于重庆王二包
竹节虫在夜色中交配。雌虫形体明显大于雄虫。

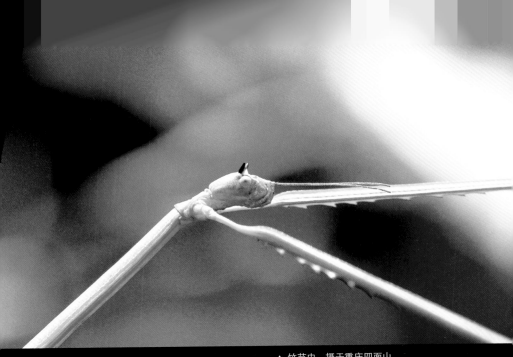

▲ 竹节虫　摄于重庆四面山
许多竹节虫带刺。注意看，刺使它们的前足像锯齿一般。

使它们具有外星气质。

　　虽然不少竹节虫是有翅膀的，但许多人总是抱怨过从未见过能飞的竹节虫。这有两个原因，一是竹节虫用来飞翔的后翅，总是收折在前翅的下面。竹节虫的前翅通常很小，鳞片状。而前翅前贴在竹节虫的背部，在它们不飞的时候，很难看出来。二是许多竹节虫确实是没有翅膀的。

　　在我观察竹节虫的历史中，只有两次看到了竹节虫的翅膀。一次是在拍摄一只竹节虫时，它突然飞起来，展开了薄如丝绸的翅膀，飞到了一枝高挑的草茎上。而且，翅膀

▲ 啃食植物中的竹节虫　摄于重庆铁峰

▲ 棉杆竹节虫　摄于重庆圣灯山
难得见到的竹节虫展翅。

还在不停地扇动。我幸运地拍到了这个瞬间。

另一次，是观察到一只比较少见的竹节虫，很意外的是，它受惊时并没有像其他竹节虫那样，收缩六足，掉落地上，而是迅速振翅飞走，在空中留下一道绿色的影子。

▲ 竹节虫的卵　摄于重庆王二包

　　我所见到的最大的竹节虫，是在重庆万州的铁峰山森林，如果算上伸向前方的前足和向后延伸的腹瓣，竟然有 35 厘米长。当然雄虫要小得多，粗壮且长的是雌虫。最让人惊讶的还不是它的体长，而是雌虫产的卵，非常精美，就像是用桃子的核雕刻而成的工艺品。不同竹节虫的卵各不相同，但这样精美的还很少见。

　　当然，竹节虫也并不只是乖巧的宠物或需要保护的对象。因为有的种类爆发时，能给林木和农作物带来危害。有一年湖北某县大旱，竹节虫迅速繁殖成灾，吞吃林木和玉米达 500 亩（33.33 公顷）。玉米地里，每平方米竟能见到 50 只竹节虫。还好，这类关于竹节虫的报道比较少见。

▼ 竹节虫　摄于重庆铁山坪
　从这个角度看，竹节虫有外星气质。

▼ 四川无肛竹节虫　摄于重庆西山

蜻蜓之诗
QINGTINGZHISHI

Chapter fourteen

给

好吧，现在我接受你的看法
一个无法分辨雾气和河水的人
永远无法获知自己的边界
我这只盲目的蜻蜓
飞着，看着，听着
却不知谁在驾驶，谁又是乘客
但我不能为此否定这一切——

我在生活的边缘飞着
也在迅速变黑的田野上飞着
正是我看到的，听到的
堆积起来，构成了我的心灵

2002 年 5 月 2 日

▼ 锥腹蜻 摄于重庆溯源居

这是我仅有的一首写到蜻蜓的诗。或者说，是一首因为被身边飞着的蜻蜓激发出来的诗句。作为一首现代诗，也仅仅是使用了蜻蜓为素材而已，它表达了我在那个黄昏的一点联想，却没有考虑去表述蜻蜓的生活。

绝大多数人对周边昆虫也处在这样的看似密切，却无兴趣深入理解的关系中。在忙碌的当代生活中，如果推而广之，不只是对昆虫，人们对周边活动着的所有东西，恐怕也处在这样的关系中。甚至，不会像我这样，产生一些联想。

但是最近去重庆七跃山区，看见了一幅图画：一个小女孩，用缠绕着蛛丝的小网，在努力捕获飞着的蜻蜓。这是一个古老的中国民间游戏。在她踮起脚的姿势中，在她兴奋的眼神中，我看到了遥远的中国先民活跃的影子。

当然，这幅图画也像一面镜子，从中可以看到我的童年。

小时候，我所居住的四川武胜县城里，树林的密度远远超过建筑的密度。在

夏赤蜻　摄于重庆溯源居

　　没有电视、没有电脑的时代，我们的生活却一点也不苍白。生活在那样的环境里，几乎所有的男孩都是天生的昆虫爱好者。或者说，昆虫在孩子们的游戏中扮演着重要的角色。而我们所经常玩的昆虫，是蜻蜓、金龟子和知了。

　　我还记得一些捕捉蜻蜓的技巧。一招是用蜘蛛网，其成败的关键，是蜘蛛网的黏性。以我的经验，新鲜的蜘蛛网是最有黏性的。为了获得新鲜的蜘蛛网，需要物色好蜘蛛，先把它的旧网一举扫荡，却又小心地不伤害到它们。方法是：先用竹竿敲打蛛网，网上的蜘蛛就会

▲ 米尔蜻　摄于重庆四面山

▼ 华斜痣蜻　摄于重庆溯源居

乖乖地溜到一边去，这时才把网缠绕捣毁。第二天，就有非常新鲜的蛛网被织出来了。以竹片和竹棍做成的网架，直接卷走新鲜蛛网，使其紧绷在网架上。这样的蛛网，适合对付不知疲倦的飞来飞去的蜻蜓。特别是夏日黄昏的时候，蜻蜓喜欢成群在空地上飞行，灵巧地使用蛛网拦截，十分有效。

　　另一招须在麦熟时候，取一把饱满的麦粒捣碎，并不断去除其淀粉，就会得到一团黏性极强的麦胶。这个过程并不需要工具，收集好了新麦，用嘴慢慢嚼就行了。再用一根纤细的竹棍，把麦胶固定在细棍的顶端。使用这样的工具，适合眼力极好的人，且手既稳又巧，因为对付静止的蜻蜓时，须准确地让麦胶快速地黏住它的背部。

　　黏来的蜻蜓做什么？我记得多半是小心地放在盒子里，带回家去。因为听说蜻蜓喜欢吃蚊子，我希望能在我们的房间里生活下来，让我们免受蚊子的困扰。或者，这只是一个理由，为了享受捕获过程的快乐而找到一个理由。因为不受约束的蜻蜓到了房间里，只会四散乱飞，最终都从窗口飞了出去。

▲ 碧伟蜓产卵中　摄于四川华蓥山

▲ 蜻蜓的稚虫 摄于重庆南岸

　　现在的城市里，孩子们中，很少有人再去捕捉蜻蜓了。虚拟的物种，通过电脑显示器，吸引住了他们的注意力。他们的手指在键盘上飞快起落，同样灵巧，但不再有我们当年在麦田里那种猎人般的原始而专注的眼神。

　　树林减少了，蜻蜓还是很多。在我现在居住的重庆一个小区里，有四五种蜻蜓成功地适应了环境。白天，它们四处忙碌，晚上飞到高处的枝条上静静休息。这高处的枝条，有时，就是我露台上栽种的植物。因此，我早晨起来，经常能看到悬挂在各种枝条上的蜻蜓。当然，我也没了当年强烈的想要捕获它们的欲望。

　　想起来，古老的蜻蜓，是很能适应人类的生活的。南方郊外的水田，城内的水景，都成为它们繁殖后代的场所。它们飞舞在这些场所周围，为我们的视野所及之处，增加了很多生趣。

　　但是，人类活动带来的很多陌生事物，也给蜻蜓带来了困扰。我经常看见蜻蜓被石材地板的反光、轿车的反光所吸引，兴奋地在它们上面产卵，它们以为那些反光是一些水洼！

　　多么盲目的母亲啊。每当这个时候，我会想起我写的那首小诗。盲目，盲目生活的堆积。往往是我们世间生活的一个真实侧面。

▲ 六斑曲缘蜻　摄于重庆铁山坪

▲ 长腹蟌　摄于重庆大圆洞

豆娘 记
DOUNIANGJI

Chapter fifteen

　　豆娘是我最迷恋的昆虫之一。在拍摄了不下千张豆娘照片后，我觉得我仍未把豆娘纤弱、优美的气质充分表现出来。

　　豆娘与蜻蜓同属昆虫纲的蜻蜓目，要分辨这两个种也很容易，蜻蜓体型粗壮，后翅基部比前翅宽，休息时两对翅平伸；而豆娘身体细小，两对翅的形态很相似，休息时四翅直立在背上。所以根据前一个区别，许多人把豆娘叫作小蜻蜓，更有人误认为豆娘是蜻蜓的幼虫；而根据后一个区别，昆虫分类学家把蜻蜓归入差翅亚目，把豆娘归入均翅亚目。

▲ 捷尾螅和很多同类一样，雌性有时会潜入水下产卵，这看上去十分惊险，雄性也被拖着往水下沉，仅剩头部在水外挣扎。
摄于贵阳花溪

由于飞行能力相对较弱，豆娘显得格外亲水，一般不会在离开水域很远的地方活动。从流水性的溪流、山沟、小河，到静水性的池塘、湖泊、沼泽、水洼、水田，都有着不同习性的豆娘在活动。

曾经，在我所居住的重庆歇台子的一所学校里，一大一小两个荷花池分列园区两侧，它们不仅向人们贡献整个夏天的荷香，同时也提供了许多种类的豆娘，整个夏天，豆娘在草丛里灵巧地飞着，捕食着小蚊虫。

我常常在那里观察豆娘的飞行，以及它们轻轻把尾部插在水里产卵的过程。

▲ 豆娘有着哑铃形的头部，图为短尾黄螅。
摄于重庆歇台子

雄性也完全没入水中，它已放弃挣扎，一动不动。而雌性用尽生命最后的力气缓慢产着卵。为了后代能有更安全的环境，它们有可能就此结束生命。我也观察到，部分捷尾蟌在产卵后爬出水面，疲倦地晾着翅膀。　摄于贵阳花溪

　　有一次，我携一本书在荷花池旁捧读，一只红色的豆娘竟把我的书也当成了对的枝叶，稳稳停在书页的边缘，我又惊又喜，只好尽量保持姿势不动，细细地把它研究了一番。这个小生灵，身子瘦削，羽翼轻薄，小脑袋好像一个彩色的小哑铃，还不时动一动头，用它的复眼把我侦察一番。

　　这一段能和豆娘们泡在一起的生活，是很能让人上瘾的，所以，每到早春，我总爱在水塘边停留、观察，试图发现春天里的第一批豆娘。毕竟，冬天的等待是很磨人的。根据我的记录，每年要到三月中旬甚至更晚，我才会看见豆娘。

　　正因为经过了一年一度的等待，每年第一次看到豆娘，总是让我欣喜不已。

　　有一年，我记得是2003年，和往年很不一样，直到三月底，不论是在学校的荷池还是野外，我都没有看到豆娘。进入四月，豆娘们就像一下子从水里冒出来了一样，到处都是。

　　就在那几天，我陪退休的父亲在重庆花卉园赏花，在湖畔的树叶上，看到很多潮湿的豆娘，应该是夜晚刚羽化的，它们趴在树叶上一动不动，就是你轻轻出

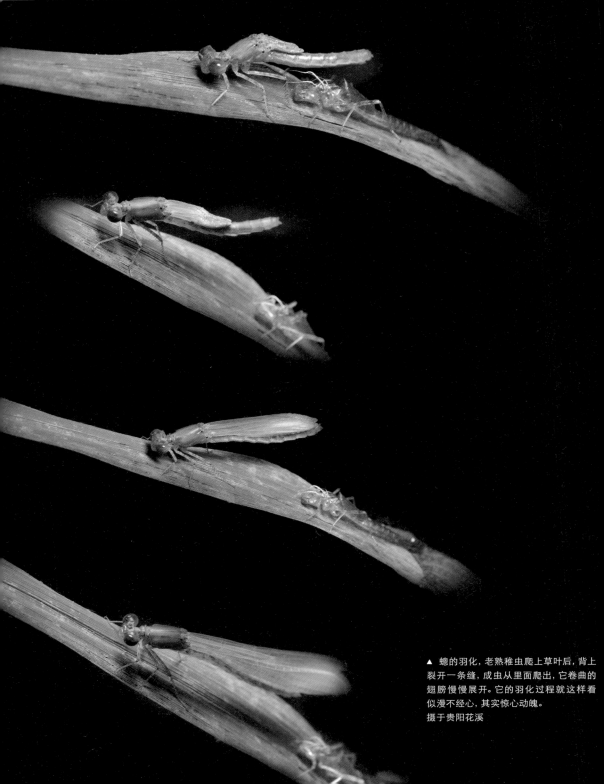

▲ 蟌的羽化，老熟稚虫爬上草叶后，背上裂开一条缝，成虫从里面爬出，它卷曲的翅膀慢慢展开。它的羽化过程就这样看似漫不经心，其实惊心动魄。
摄于贵阳花溪

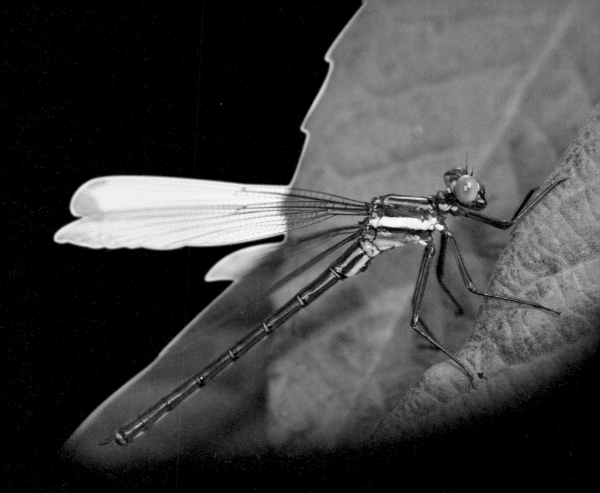

▲ 山蟌　摄于重庆四面山

晃树枝，它们也最多只是调整一下姿势，根本无法飞走。

　　这一年似乎整个春天都延迟了，后来，当我和一个学农的朋友讨论这个季节延时的情况时，他笑了，他说用公历作时间刻度来研究植物和动物的季节律动，往往不精确，如果用农历，就不会出现这样的问题。受此启发，我后来作观察记录时，会对应记下农历的日期，几年积累后，发现农历果真要精确得多。

　　一般到重庆的五月中旬，豆娘们似乎就集体进入了恋爱的季节，时常看到成双结对的豆娘，时而栖息，时而巡游，有时还在水面上产卵。

它们交配的姿势是相当优雅的，两只豆娘会共同构成一个心形。在蜻蜓目之外，还想不起什么昆虫能使用这么优雅的姿势。它们能够非常默契地同时振翅飞来飞去，停留的时候，它们会尽量让两个都有立足之地，也许这样，彼此会感觉轻松些。

不过，事情也不总是这样，可能总会有一些豆娘在爱情中有些劳累，有些头晕（昆虫会头晕吗，当然不会，呵呵）的原因吧，我时常看到一只豆娘

▲ 尾溪螅　摄于重庆青龙峡

▲ 褐斑异痣螅　摄于重庆平顶山

蕨的阴影里，扇蟌正在用表演杂技的方式秀恩爱。雌性安静休息，而雄性竖立在空中
它们膨大的足就像路灯一样明亮。　摄于重庆青龙湖

豆娘交配时会构成心形的图案。图为褐斑蟌　摄于重庆圣灯山

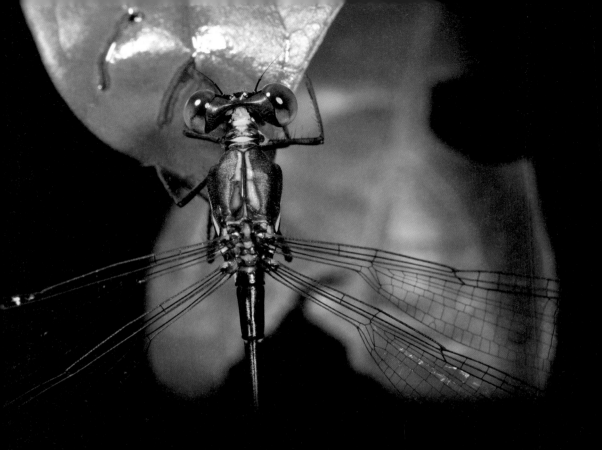

▲ 漂亮的综蟌　摄于重庆金佛山

会耍赖，既不主动飞，也拒绝抓住什么，它做出一副精疲立竭的样子，任凭恋人把它拖来拖去。这只豆娘干脆撒手不管，任凭对方带着它飞来飞去。让我们来猜猜它的性别，它是一位撒娇的新娘，还是任由野蛮女友摆布的娇气老公呢？

　　要想知道这个答案，我们就得知道豆娘的交配过程。

　　交尾前，雄性豆娘会将自己腹部弯曲，把精液注入贮精器中，然后才去追逐雌性，一旦有机会，它会用自己的腹部末端（即我们通常所说的豆娘尾巴）上特有的夹子把意中人的头部紧紧夹住。

受到感染的雌性豆娘会紧紧抱住男友的腹部，并高难度地弯曲身子，将雌性生殖器与男友的贮精所在处对接，形成杂技般的豆娘标准交尾姿势。

现在你终于明白了吧，头被紧紧夹住，飞在后面的就是美女豆娘了。很可能因为要等着完成产卵任务，新娘子要贮备体力，她们自然也会撒撒娇，任由男友把它们拖来拖去。

本来，交配完成后，豆娘应该迅速分开，这样，它们会更灵巧些，也更能避开天敌。但它们不，即使完成交配，即使雌豆娘已开始产卵，雄豆娘的夹子仍紧紧地夹住雌豆娘不放。它们会监督雌性用自己提供的精子完成产卵。这是为了避免其他雄性再来交配，把自己的精子替代掉了。

有时，这个监督会付出生命的代价。因为有些雌性的豆娘，为了后代的安全，会潜入水下产卵，而没有分开的雄性也会被拖到水下去。在水下产卵的这一对，不一定能活着从水里钻出来。这样的一对，真是生死之交啊。

▼ 黄狭扇螅　摄于重庆大圆洞

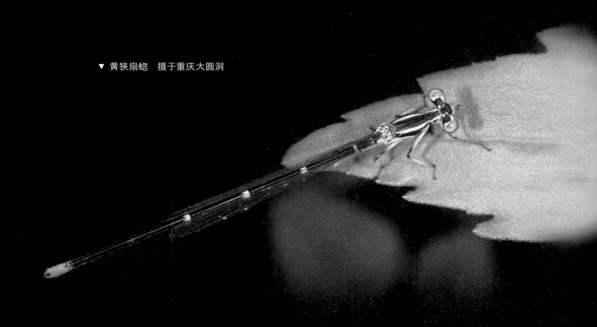

艳娘 翩翩

YANNIANGPIANPIAN

Chapter sixteen

　　有人把豆娘中的色蟌、鼻蟌、溪蟌一类也称为艳娘，感觉是十分贴切的。因为它们不光飞行姿态优美，而且绝大多数都有点艳丽的颜色，甚至带着耀眼的金属光泽。这使得它们和那些纤细、精致、色彩相对柔和的豆娘区别开来。

　　艳娘是溪流脆弱而骄傲的孩子。它们和人类、城市小心地保持着足够的距离。一旦溪流受到污染，它们就会遭遇灭顶之灾，消失得无影无踪。

▲ 赤基色蟌　摄于重庆四面山

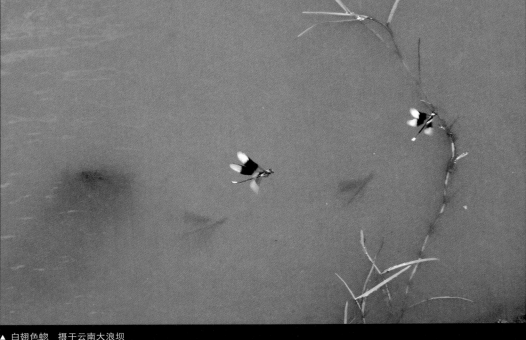

▲ 白翅色蟌　摄于云南大浪坝
白翅色蟌相互追逐，构成溪流上美妙的图案。

在我们城郊的小河、溪流附近，已很难看到它们了。它们退缩到了离我们更远的山间的小溪周围。

在林间的空地，如果有溪流穿过，就会有艳娘在空地间来回飞舞。它们美妙的色彩和飞舞的样子，简直像传说，不像现实。

由于翅膀有时并不完全透明，它们飞着的时候，会使人误认为是蝴蝶。不止一次有人兴奋地对我说，他在某处驴行时，看见了蝴蝶一样的蜻蜓。我就会祝贺他——你看到艳娘了！

在我国，分布最广、最容易见到的色蟌是透顶单脉色蟌。

这种色蟌，雄性的翅膀合拢时是黑色的，打开时，色蟌露出翅基部分美丽的蓝色。无论是黑色还是蓝色，它们都有着金属的质感，雕刻般的暗纹。雌性的色调柔和些，在不同的光线下，翅膀的颜色变幻着，有时是半透明的咖啡色，有时是金黄色，质地有如丝绸。

我最先见到的色蟌就是透顶单脉色蟌。

那是好多年前，一次在小河边钓鱼，正在静心等待的时候，一只色蟌不慌不忙地贴着水面飞过，我横陈的鱼竿挡住了它，它只好拉高飞起，那一刹那，我看到了它耀眼的金属色彩。

这是什么啊，翅膀如此漂亮！我大吃一惊。真的，从未见过有着如此梦幻色彩的翅膀。

还未看清楚，它就从我的视线里消失了。不一会儿，又有两只一模一样的色蟌互相追逐着来到眼前。它们有时几乎是原地兜圈子，因此，我可以观察得更清楚些，而更清楚的观察带给我更多的惊叹。现在回忆起，它们应该是两只雄性，为了领地才互相追逐吧。

虽然雄性的透顶单脉色蟌让人惊艳，但雌性却更能表现出生命的忍耐。

我曾在一丛水草边上，发现一只产卵的雌性透顶单脉色蟌。它的头几乎浸在了水里，腹部弯曲着在水草上产卵。足足有十多分钟，它似乎一动不动，我以为

▶ 月斑鼻蟌（雌） 摄于云南西双版纳

▲ 月斑鼻蟌（雄）　摄于云南西双版纳

▲ 透顶单脉色蟌稚虫　摄于重庆青龙湖

▼ 线纹鼻蟌　摄于重庆四面山

▲ 透顶单脉色螅　摄于重庆四面山
交配中的透顶单脉色螅。

它已经淹死了。正在感叹的时候，忽见它慢慢从水下爬上来，任水珠从翅膀上滑落。正午的骄阳帮助着它，不一会儿，它就飞走了。

　　色螅的稚虫是在水里生活，没想到，成虫的雌性还保留着一定的水下功夫。这真是少见。我在小河边，见过碧伟蜓在产卵，它小心地停在一块石头上，把腹部伸到潮湿的泥土中。突然，一个浪打来，碧伟蜓立即一跃而起。它对水还是很恐惧的。

　　透顶单脉色螅，已经算形体很大的艳娘了，但赤基色螅（*Archineura incarnata*）更大一些。它飞着的样子，似乎也更从容一些，也更平稳。奇怪的是，我很少看见赤基色螅相互追逐，它们只是孤独地飞来飞去，在一段溪流上，只看得见一只。

　　我最难忘怀的是，在云南的高山草甸上发现的白翅色螅。它们飞行的样子太

▲ 巨齿尾溪螅　摄于重庆四面山

▲ 透顶单脉色螅　摄于重庆大圆洞

美妙了，飘飘若仙。它们应该是绿色螅属的，但是当我展示拍到的照片，向一些蜻蜓专家讨教时，他们都没发现有这个种的记录。

　　和色螅比起来，鼻螅真是小多了，可以说是小巧玲珑。可能因为形体较小，它们的起飞特别快。飞行的时候感觉快如闪电，不容易跟踪到它们的去处。

　　我觉得它们最显著的特征是：翅长过腹部，腹部十分粗壮。月斑鼻螅（*Heliocypha biforata*）的翅上花斑很特别，呈扇形，有的画家把孔雀画抽象一点儿，翅膀的图案差不多就是这个样子。线纹鼻螅（*Rhinocypha drusilla*）虽然鲜艳，却没有什么精致的图案。

　　溪螅的大小，介于色螅和鼻螅之间吧。我的观察发现，溪螅似乎喜欢群聚，如果你发现了一只，就会迅速在它附近发现更多的同类。它们不像色螅和鼻螅那样敏感，是比较容易近距离观察的种类。

热带雨林

REDAIYULINZHICHEN

Chapter seventeen

　　我的心不再沉重，它变轻了，像一粒早晨的露珠那样，简单、透明，带着迫切的期待在树叶上颤动着，在等待着奇异的事物映射到它的内部。

　　因为我不在重庆，也不在人来人往的解放碑。我在云南，在一个叫作雨林谷的地方，在渐渐被朝阳照亮的热带雨林中。

荔蝽若虫，一直是电视上的明星。
摄于云南雨林谷（本文后同）

▲ 绳桥

　　我第一次那么明显地感受到时间运行的速度，通过朝阳的升起，通过空气中的温度，通过树叶、藤蔓，通过鸟翅、虫鸣，每一分钟，身边的一切都在发生着变化。

　　还没进入雨林的时候，谷外已经十分明亮了，山峦间的朝阳，斜射来的光线，刺得人睁不开眼睛。

雨林深处却笼罩在墨绿色的阴影中。树叶的边缘是模糊的，树冠与树冠也相互混淆，无论我走得快还是慢，它们都一成不变。其实我也挺喜欢这种感觉的，模糊的，没有边缘的，但又有着各种新鲜气味的植物包围着我。我感觉自己像在梦游，感觉自己正在穿过的不是雨林，而是自己的变得很空旷的墨绿色的躯壳。

光线渐渐亮了起来。模糊的变得清晰，不同的树干、树枝、树叶展现出不同的质感。我饶有兴趣地盯着一粒露珠看，整个雨林正在半透明地颤动着，慢慢映入它的内部。

▲ 张开翅膀的叶蝉

▼ 蜥蜴在树叶上等待着阳光。

我看到了两面针，这种植物的叶子正面和反面，都竖着针一般的刺；我看到了粗壮的藤，藤上面长满了蕨类；我看到了虎须草，并从它的形状中，看到了中国式的憨厚的老虎造型。

越来越多的东西，快乐而清楚地进入我的视线。

有一个东西相反，它似乎很不情愿，并缓慢而小心地想要离开。它是一只蜥蜴，一只正在做梦的热带蜥蜴。在阳光暖和它之前，它本来是没有任何兴趣要醒来的。我很容易就把它捉到了手上，看来，我手的温度让它很舒服，它放弃了要逃走的想法，干脆舒服地闭上了眼睛。它的对危险都不感兴趣的懒散，让我很意外，不

◀ 蜘蛛的小网

▲ 竹节虫扮演着一段枯藤。

▲ 甲虫

禁笑出声来。

　　被我放回树上的蜥蜴，缓慢地越爬越远，它还想睡一会儿。

　　树下，白蚁正勤奋地写着一行行的诗。说是白蚁，只是昆虫分类上的准确。因为念珠形的触角，把它们归类到等翅目。树下的白蚁，其实与白色无关，它们有着类似于膜翅目的蚂蚁的颜色。我觉得它们排列的样子、选择的纸张，都挺有品位的，也很有诗意。

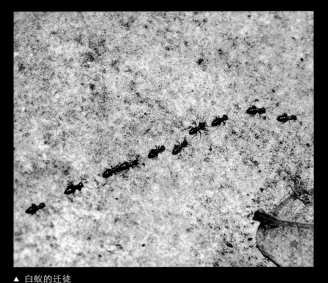

▲ 白蚁的迁徙

树林里，光线更亮了。更多的小生命，出现在我的视野里。

一只叶蝉张开翅膀，像骄傲地开着屏的孔雀一样，从一片树叶巡视到另一片树叶；几只盲蝽，飞快地避开我的脚步声，它们和另一些盲蝽聚集在一起，看上去就像组成了一排铁丝网；一只漂亮的红色甲虫，从树叶背面飞快地转到树叶正面来，对着我的相机镜头看了一下，就迅速地飞走了……还有猎蝽、蝎蛉、竹节虫

▲ 虎须草

等，这些小东西，真是层出不穷，而且都有着奇特的造型、鲜艳的颜色。它们把热带雨林渲染得热热闹闹的。

▼ 草蛉幼虫用垃圾来伪装自己。

看起来，热带雨林的昆虫和蜘蛛，都是些唯美主义者。我正在下这句评语的时候，一团小垃圾在我眼皮下面活动了起来。我好奇地把视线放低，发现这团垃圾下面，原来是一只草蛉的幼虫。草蛉的幼虫又名蚜狮，是吞食蚜虫的好手，它的奇怪习性，是因为有捡垃圾并用垃圾把自己打扮起来的爱好。它们真是很另类的艺术家。谈到另类，热带雨林独有的突眼蝇，也算得上一个，它们把自己的复眼高高地举起，造型真是别致。

整个早晨，我都在忙碌着，观察着，拍摄着。在这种快乐而紧张的忙碌中，我忘记了刚进雨林深处的那种梦游般的闲适，忘记了关于露珠的比喻。我甚至注意不到自己的心了，它跟着我的脚步，收集着所有精彩的事物，像一个装满了各种颜色的拖网。

▼ 猎蝽，似乎融化在一团绿色之中。

▲ 雨林景象

法布尔的扇子

FABUERDESHANZI

Chapter eighteen

人们对昆虫的好恶很值得研究。

多数人害怕毛毛虫，当然，我说的毛毛虫也包括了并不一定长毛的蝶、蛾、蜂的幼虫。看到某些幼虫，会欣喜若狂的人，多半是骨灰级的昆虫爱好者。由于是骨灰级，对幼虫的喜爱，并不一定是他们最初的天性。由于知识的增长，由于经常观察，他们克服了最初的心理障碍，进入了妙趣横生的幼虫世界。

▼ 碧蛾蜡蝉　摄于重庆圣灯山

　　有的人喜欢大甲虫，却害怕蝴蝶、蛾子。据我了解，这类人害怕有鳞粉或毛茸茸的东西。而且，童年得到的错误知识，也加深了他们的恐惧——老年人总是说，如果蝴蝶翅膀上的粉末，不小心呼吸或吞进了人的身体，后果会很恐怖。但是，也有很多人对什么虫子都不喜欢，却偏偏喜爱蝴蝶。

　　也有少数人，会害怕某一种特定的昆虫。比如，我认识一位，她特别害怕大个头的螽斯，每次在野外意外相逢，她都会尖叫一声，扭头就跑。我一直很纳闷，这个绿到透明像一块翡翠的小东西，就这么令人畏惧么？

　　昆虫中有一些种类，绝大多数人在仔细观察了之后，都会感叹它们长得太美了。它们是比较受宠的天使。像豆娘、草蛉、蜉蝣等，

▼ 碧蛾蜡蝉　摄于重庆圣灯山

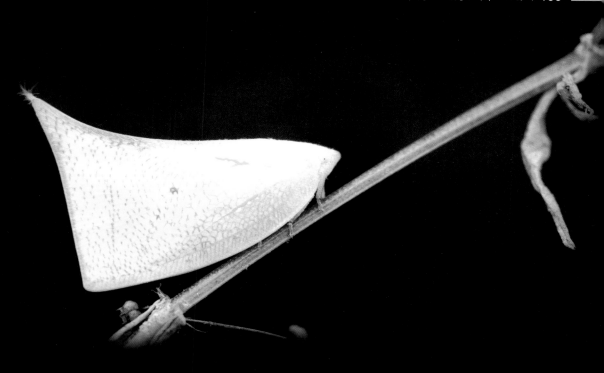

▲ 白蛾蜡蝉　摄于广东鼎湖山

都属于这一类。

　　我这里还要讲一种，它绝对有能力征服所有观察它们的眼睛，那就是蛾蜡蝉。

　　我见过好几种蛾蜡蝉，和它们的初遇，都是值得回忆的美好经历。大自然创造的美，经常通过类似的偶然相遇，奇迹般地传递到我们心里。

　　虽然蛾蜡蝉在集中爆发的时候，会危害经济树木。但是这样以人类为中心来看待其他生命的功利色彩，也是需要我们警惕的。

　　第一次，是在重庆的圣灯山，这是重庆近郊一个观察蝴蝶的好去处。我和几位爱好昆虫的朋友，沿着下山的公路两边仔细搜索。

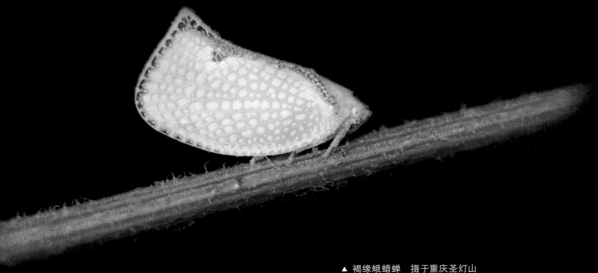

▲ 褐缘蛾蜡蝉　摄于重庆圣灯山

　　在陆续发现了角蝉、草蛉、叶甲等一些小昆虫后，在目光扫过一根藤蔓时，我感觉有一点异样——有一片小叶子，长得很不一般。

　　我好奇地盯住这么小的叶子仔细观察，不禁欣喜若狂——原来，它就是我很期待看到的蛾蜡蝉。具体地说，是一只褐缘蛾蜡蝉。

　　不过，我并没有惊呼，也不敢手舞足蹈，在野外观察时，常常因为这类冒失的举动惊飞了观察对象。野外观察者的兴奋和激动，必须迅速转化为更冷静犀利的观察和纹丝不动地举起相机的手。

　　它像一片扇形的树叶，很低调地依附在藤蔓上一动不动。整个身体像一只翅膀合拢的蛾子，而头部的复眼和触角，却和蝉很相似，想必，人们因此才命名它为蛾蜡蝉的吧。

　　我得赞叹它翅膀的顶部，在两条柔软的线条交汇处，出现了一个尖锐突出的顶角，这非凡的手笔，使它在形式上避免了平庸。同时，翅膀上并不张扬的绿色下面，布满了精巧而又变化多端的网格。而在网格的四周，有一圈细致的褐边，就像高明的裁缝，在袖口、领口留下的精彩勾边一样。

听到我这边发出连续不断的快门声，同伴们都被吸引了过来。这只褐缘边蛾蜡蝉立即陷入了快门声音的包围之中。这可能使它感觉颇不耐烦，但蛾蜡蝉天性懒散，它只是快步移动起来，躲到了藤蔓的另一侧。这是同翅目种类常有的小伎俩。

我第一次看到另一种蛾蜡蝉，即白蛾蜡蝉，则是在广东的鼎湖山。它被中外学者誉为"北回归线上的绿宝石"，是我国的第一个自然保护区。

还记得那是一个黄昏，我从住宿地中科院的招待所步行出来，看见路边有一个显眼的路灯。

▼ 晨星蛾蜡蝉　摄于重庆王二包

我习惯性地围着路灯转了一圈。因为经验告诉我，在森林周边的路灯下，常常有锹甲、大蚕蛾之类有趣的东西。这一次，我什么也没看见。

时间还早，路灯还没真正亮起来，它只发出暗黄色的光。

暗黄色的光，罩着四周的树木，周围很安静。这时，我发现其中有一斜横着的细枝条，上面有一个轻微的抖动。

这是突然的抖动，突然来又突然消失。如果是风吹的话，会很柔和有规律地持续摇动。

我开始以为是知了，但是细树条上并没什么叶子，如果有知了，会很显眼的。正纳闷间，突然见一只白色似蛾子的东西扑向了这根细枝，使它又突然轻微地抖动了一下。

很明显了，轻微的抖动来自这只白色的蛾子。我靠近一看，不禁吃了一惊，

▼ 白蛾蜡蝉的若虫　摄于广东鼎湖山

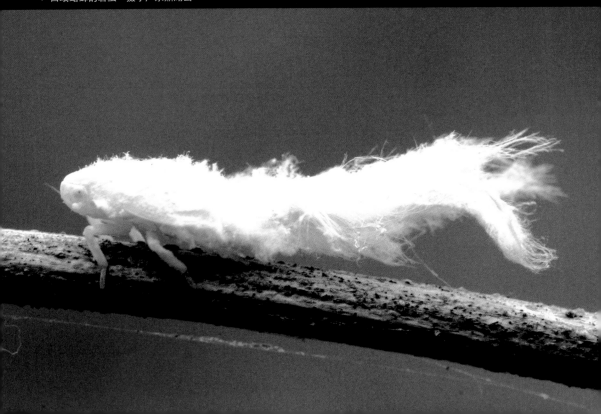

原来不是蛾子，而是白蛾蜡蝉，不是一只两只，而是几十只，密密地挤在这根细枝上。白蛾蜡蝉体积比褐缘边蛾蜡蝉大得多，有着象牙或玉石般的光泽，翅膀顶部的锐角似乎更夸张一点。它们就像一群热带鱼，安静地栖息在巨大水草的下面。

　　我很高兴自己的发现，一点也没惊动它们。我计划第二天早晨，朝阳出来后，再来慢慢观赏一番。

　　比较这两种蛾蜡蝉，如果把褐边蛾蜡蝉比作精巧的小家碧玉的话，白蛾蜡蝉就是典雅的大家闺秀。它们的美是不同类型的。

　　有一点很相同，那就是它们都像很古典的扇子。可是，这样美妙的扇子，有谁配得上呢？

　　如果有一个人，我猜应该是法布尔。我们就把这些神奇的蛾蜡蝉，看作是法布尔的扇子吧。

▼ 晨星蛾蜡蝉若虫　摄于四川华蓥山

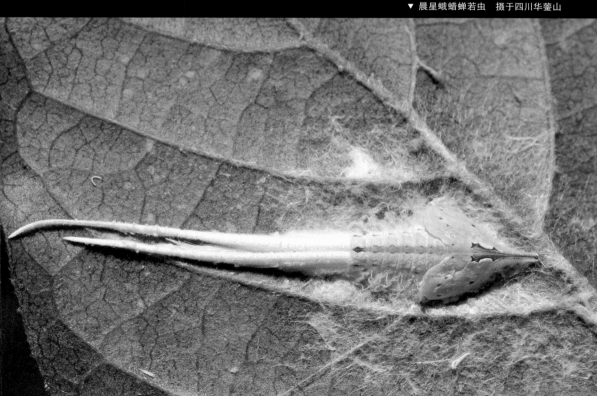

▲ 梨片蟋　摄于重庆丁山湖
用手电筒光发现的一只梨片蟋，尚是若虫。

月下寻虫记

YUEXIAXUNCHONGJI

Chapter nineteen

　　虽然观察昆虫的最好时间是白昼，不过，如果正好山中小住，窗外月华如水，虫声稠密，不去搜寻昆虫而坐在房间里看电视，既很乏味，也浪费了很好的机会。

　　这种搜寻分为两种，一是利用昆虫的趋光性，在路灯或有光亮的地方，发现造访者。当然，更积极的方法是高悬明灯，垂挂白布，以光诱虫。二是持一小手电筒，循着虫鸣的方向发现鸣虫，昆虫在夜间的反应没有白昼敏捷，可以更近距离地观察到很多有趣的昆虫。

▲ 竹蛉　摄于重庆九重山
　竹蛉的叫声非常好听。

　　我有过若干次月下寻虫的经历，好几次都很有意思。

　　一次是带着儿子参加郊游活动，住在一湖心岛上，正是夏季干旱季节，上岛后，我们仔细寻找，并没发现什么特别的昆虫。于是，几乎放下了要去找虫的念头。

　　晚上，同行的人打牌聊天，我们在长廊里喝了一会儿茶，正觉无聊，忽然发现，原来四周的虫声还是很响亮的。竖起耳朵仔细听，剔除蛙鸣不算，也有好几种虫鸣呢。于是，拎上一只冷光源的小手电筒，

▲ 有时，蝉在夏夜里也不禁鸣唱起来。

和儿子走出长廊，一起去寻鸣虫。

当晚无月，离开有光亮的地方，可以说伸手不见五指。小手电筒的光柱，穿透漆黑，投射在石板路两边的灌木上。

一种清越激昂的虫鸣，从小路左边传来，顺着手电筒的光，我们惊喜地看见，原来是一只个头很大的褐色螽斯，它不停地颤动着的身体，像一件被不断拨弄的乐器一样，不断发出充满激情的声音。我们的手电筒光，一点也没影响它的兴致。"真是太好听了！"儿子欢喜地说，迅速打开数码相机的录像功能录了起来。我也用手机录了一段螽斯的鸣叫。

后来，我们又发现了4只正在鸣叫的虫

▲ 锹甲　摄于重庆大圆洞
　小巧的锹甲，竟停在手指上不动了。

▼ 螽斯　摄于重庆丁山湖
　它长相粗笨，声音却清越激昂。

子，一只竹蛉，两只蟋蟀，另一只是螽斯。

那只竹蛉长得漂亮，个头小，声音却低沉、浑厚，很好听。真是难以想象，这么小的身体，何以发出如此有力度的声音。可惜，它很敏感，我移动的脚步声把它惊动了，它迅速爬到了叶子后面，再也不出声了。

蟋蟀的歌声要更复杂一些，虽然音频并不很宽，但变化很多，长长短短，短短长长，可以慢慢欣赏。

我并不是一个鸣虫爱好者，但这次寻虫，却近距离地感受到了虫声的魅力。

▲ 云南亚叶螳　摄于云南西双版纳

▼ 螳蛉　摄于重庆王二包
　难得一见的螳蛉。

▼ 胡蜂　摄于重庆四面山

▲ 蟒蝇 摄于重庆四面山

▲ 华丛蝇,有时出现在灯光下,野外极难发现。
摄于重庆金佛山

▲ 非常罕见的昆虫,盲蛇蛉,身体像一条小蛇。 摄于重庆四面山

▲ 如果你仔细观察,路灯下的舟蛾,其实也拖着极为漂亮的
花球。 摄于重庆四面山

▲ 深夜,起飞瞬间的锹甲。 摄于重庆四面山

另一次，是和几个好朋友，在森林边缘的溪流边打着手电筒寻虫。

那一天月光很好，小路清楚，不至于误踏进小溪。

正遇到很好的季节，昆虫的种类十分丰富，因此，手电筒的光几乎是在不同的昆虫之前移动，真是令人开心。

直翅目的昆虫，永远是灌木丛里的主角，蝗虫和螽斯在手电筒光的照射下一动不动，但有一只硕大的直翅目类昆虫却得意洋洋地梳理着自己的触角，原来，这是一只蟋螽，它兼有蟋蟀和螽斯的一些特点。

▼ 指角蝇，有着夸张而漂亮的触角，有时，它们还有夸张而漂亮的腹部，晚上的灯光下面，简直像小小的灯笼了。　摄于重庆神龙峡

　　在一处披满藤蔓的石壁前，同伴任川发现了漂亮的色蟌，是一只透顶单脉色蟌的雌性，在白天，它可能很难靠近，而现在，我们的手指几乎触碰到它的翅膀了，它还是一动不动。

　　晚上，也是拍摄马蜂蜂巢最安全的时候。在手电筒的光线笼罩下，马蜂似有所察觉，它兴奋地在蜂巢上踱步，但却并不飞起来。完全可以很放心地慢慢欣赏它的样子。蜂巢里，还有马蜂的幼虫，可以看见它们探出头来微微晃动。

　　除了岸上，手电筒的光还帮助我看到了溪水里的小东西。鱼儿在游来游去，水黾在水面上无精打采地滑动着——它是一边滑，一边在月光下做梦？水下面的蜉蝣幼虫，也清晰可辨。

　　后来，只要是在森林中住宿，打手电筒月下寻虫，就会成为必然的功课。我们靠着手电筒光，有时观察到难得见到的珍稀昆虫，有时巧遇有趣的昆虫生活情景，比如交配中的灶马等。夏季的白天出去寻虫，还是酷热难当的，而夜晚寻虫却多了些清凉，舒服多了。回忆起来，当时的心情都是很轻松愉快的。

▼　蛛蜂　摄于重庆王二包

▲ 双带透翅锦斑蛾　摄于重庆南山

▼ 灶马　摄于重庆王二包
　　灶马多在夜间交配，比较奇特的是它们交配时，雌虫在上，雄虫在下。

▲ 中国瘤象　摄于重庆中梁山

　　中国瘤象丑得有趣，它看上去无翅，但其实是假象，皱巴巴的翅鞘下，有着完整的翅。

奇特的 象甲
QITEDEXIANGJIA

Chapter twenty

许多昆虫让人很矛盾，一方面它们具有独特的美，很有观赏性；另一方面，它们又是危害性很大的害虫，严重地影响着植物甚至我们的生活。

象甲就是其中比较典型的代表。象甲是一个庞大的家族，全世界有6万多种，这个家族的成员都有一个明显的特征，那就是长长的鼻子。正因为有着大象似的长鼻子，所以得名象鼻虫。它们的鼻子，其实是延长的口器。

象甲的"长鼻子"，也让人们心情复杂。特有的"长鼻子"，使它们犹如童话里的皮诺曹，看上去别致又滑稽；而这"长鼻子"又像一个尖锐的钻头，简直可以说是破坏植物的厉害工具。

人们最熟悉的一种象中应该是米象，这是让人厌烦的小东西，尤其是食物缺乏的年代。许多人认为米粒放久了自然会生虫，最终长出米象来，其实不是这样。在稻谷成熟时，米象成虫飞到田里，用它的小钻头钻破稻谷表面，再把卵产在里面。而当有卵的稻谷顺利入仓后，次年夏天，卵就会孵化，产生幼虫。经常做饭的人，对这些不请自来的小东西已经习惯，他们会仔细地把米象拣选扔掉。

由于米象太小，它的"长鼻子"几乎被我们忽略，很难注意到它们长相的奇特。而另一种人们熟悉的象甲笋子虫，即竹象，因为体形硕大，特征明显，长长的鼻子，小小的脑袋，笨拙的坚硬身子，深受孩子

▲ 沟眶象　摄于重庆海石公园
　小丑似的沟眶象喜欢缩成一团。

▶ 绿鳞象甲　摄于重庆南山
　绿鳞象甲，枇杷成熟的时候，往往十分活跃。
　它们有着易掉的绿鳞。

们喜欢。在乡村孩子的童年生活中，金龟子、蜻蜓、竹象可以被称为最受宠爱的三种昆虫。和竹象比起来，前两者的有趣程度几乎可以忽略不计。

　　各地孩子玩竹象的方法几乎一致，都显得有点残忍。他们拔掉竹象的一只后腿，然后用竹签插入后腿被拔留下的空洞中，竹象就会围绕着竹签飞个不停，像一只被发动的马达那样嗡嗡直响。

　　寻找竹象，也是比较容易的事情，每当竹林中的笋子出土之后，竹笋附近的土穴里的竹象也差不多羽化成功，它们也破

▲ 三椎象　摄于云南西双版纳

土而出，爬上笋子，一边取食鲜嫩的竹笋，一边寻找交配繁殖的机会。

　　由于笋子并不高，因此，孩子们要在笋子上抓到竹象，还是比较容易的。不过，

卷象　摄于重庆大风堡
卷象长得最为夸张。

现在的城市孩子，绝大多数没有亲眼见到过长得相当滑稽的竹象。连我这样经常在野外观察、拍摄昆虫的人，发现竹象也不过寥寥几次。更没有运气碰到竹象在笋子尖部交尾的场面，据见过的人说，形同高难度的杂技，姿势格外笨拙有趣。

我在电视里看到，有一种外来的象甲，其实长得很像竹象，个头也差不多，颜色稍红一点。这种象甲叫红棕象甲，来自东南亚地区，是椰子、油棕等棕榈科植物的克星。它们的幼虫蛀食茎干内部柔软组织，

和广西局部地区，红棕象甲已开始成灾。

在野外，经常可以看到象甲家族的成员，它们有着各式各样的"长鼻子"，也有着差不多相同的习性——一旦惊动就装死，收缩成一团，从树枝或草叶上滚落到地上。

但是海南岛的粉绿象甲有一点例外，它们不是很爱假死。我在三亚的西岛，发现了一群粉绿象甲，也许是群居生活的原因，根本不爱装死，我捉住一只放在掌心，它努力翻过身来，就毫不畏惧地在我手上爬来爬去，让我很有点意外。

重庆南山的绿鳞象甲，比粉绿象甲小得多，但形状很相似。它们既爱假死，又有易掉的鳞片。绿鳞象甲要更鲜艳一些，动作也更活泼。

▼ 绿鳞象甲振翅欲飞。　摄于重庆南山

要在南山发现绿鳞象甲并不容易，而要找到中国癞象，就太容易了。背部奇怪地隆起的癞象，丑得已经不像昆虫了。不过，如果尔看顺了眼，它们的丑都转化成了另一种小丑的奇特之处。癞象差不多是我仔细拍摄、观察的第一种象甲，我对它们还是很有好感的。

如果说中国癞象的丑，只是显得奇怪的话，沟眶象的丑那就可以说是丑陋了。它真的是很丑啊，它的身体和四肢就像生了锈，永远也洗不干净。哎呀，不谈沟眶象也罢。

其实长得最夸张的象甲，既不是竹象，也不是绿鳞象甲，而是卷叶象甲，它们不光有着"长鼻子"，还有着奇妙的长颈。它们像长颈鹿一样，伸出与身体绝不协调的长脖子，警惕地注意着四周。稍有惊动，它们就振翅飞走，或者卷成一团掉进草丛里。

在没有干扰的时候，雌性卷象的工作是把树叶卷成一个小筒，再在里面产卵。它们还称得上是有创意有爱心的母亲呢。

▼ 竹象　摄于重庆圣灯山

▲ 中华翡螽若虫　摄于重庆四面山

音乐家螽斯的
YINYUEJIAZHONGSI
DERICHANGSHENGHUO
日常生活
Chapter twenty one

　　螽斯与蟋蟀一样，善于鸣叫，在昆虫中素有音乐家之名。当然，它其实是靠一对覆翅的相互摩擦发声的。由于覆翅的结构不同，摩擦时发出的声音也高低不同。人类至今还未研究出采用这种摩擦发音法的乐器，可见螽斯的鸣叫原理还是比较复杂的。

中国人自古喜欢鸣虫，关于螽斯的文字描述，可上溯至《诗经》（《螽斯》：螽斯羽，诜诜兮。宜尔子孙，振振兮。）关于螽斯的音乐才能，鸣虫爱好者们更有许多精彩的文字，在网上可以查到很多，我就不多讨论了。我想介绍一下螽斯的其他一些趣事。

◀ 姿态万千的若虫。

▼ 姿态万千的露螽若虫。　摄于重庆铁山坪

▲ 露螽若虫　摄于四川华蓥山

▲ 螽斯若虫专心啃食空中掉下来的花朵。　摄于重庆金佛山

皮五六次。如果你像我一样运气好，你就可以欣赏到若虫是如何蜕皮的。

　　它们把自己先倒悬在横着的枝干或树叶背面，这样可以充分利用身体的重力来和旧衣裳分离。寻找合适的地点，做好准备工作，时间往往比较长，而一旦进入蜕皮的过程，就很快了。

　　若虫的旧衣裳，从头部位置产生了裂口，一个新鲜的身体就像空降兵一样，从狭小的机舱里脱落。刚开始，这个空降兵的样子有点奇怪，因为它的触须是紧贴着腹部收束着的。但是随着下降过程，它的触须越来越明显地形成两个圆圈，最后柔和地弹开，它的全新身体完整地出现了。

▼ 若虫的蜕变　摄于重庆四面山

▼ 螽斯若虫　摄于四川华蓥山

　　这个过程有四五分钟。之后，若虫的工作是让自己的新衣裳尽量适应环境。螽斯这方面是很有天分的，在若虫时期，也不例外。几小时后，它新衣服的颜色就和喜欢栖息的植物很接近了。

　　因为同样的原因，栖息于灌木中的螽斯常为绿色，而地栖种类常为褐色。树上的螽斯，翅膀常常像一片足以乱真的树叶。它们通常的姿势，是伸展前足，让自己紧贴在树叶上，这时，要发现它们就很困难。

　　有一种螽斯叫中华翡螽，有着绝好的伪装本领，它精确地模拟了树叶的形状和颜色，甚至叶上的斑点。和枯叶蝶不同的是，它模拟的是一片碧绿的叶子。要在绿叶丛中发现它，实在是太困难了。

　　螽斯是杂食性昆虫，因而生存能力是比较强的。经过了若虫期的磨炼，成虫的螽斯能飞能跳，有一定的躲避天敌的能力。如果要捕捉螽斯，需要小心的是，千万不能捏它的足，它们有弃足逃命的本能，这样螽斯就残了。

　　喜欢鸣虫的人，把螽斯抓了，收于笼子或葫芦里小心饲养，秋风一起，就随

▼ 无翅型螽斯鼓螽　摄于重庆大圆洞

▶ 感觉到威胁的拟叶螽会尽量膨胀
自己的身体，让对手不战而退。

▼ 在这个关键时刻，连飞行翅也会毫不吝啬
地亮出来。　摄于重庆四面山

▲ 螽斯若虫　摄于重庆铁山坪

▲ 情投意合的螽斯开始交配。

▲ 正在鸣叫的织娘，这个科的种类大多声音洪亮。

▲ 中华翡螽　摄于重庆七跃山
　　中华翡螽有着绝好的伪装本领，一般很难被发现。

▲ 产卵后,这只螽斯疲倦地爬上枝头。

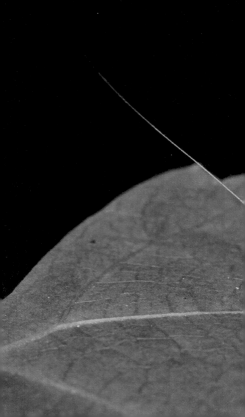

较量，邻居可能感觉到了差距，不吭声了。

　　大约几十分钟后，一只雌性螽斯被它的鸣叫声吸引了过来，从黑暗中慢慢显身，越来越近。雄螽斯不再发出声音，它的触须友好地伸向对方，两个互相用触角交流了起来。一片窄窄的叶子勉强承受起两只螽斯的重量。

　　这样的交流，有十几分钟，两只情投意合的螽斯越来越亲密，终于，它们甜蜜地完成了交配的任务。

▲ 螽斯　摄于重庆四面山
梳理长长的触须，是螽斯的日常功课。

▼ 棘卒螽　摄于海南五指山

▲ 彩灰蝶　摄于金佛山

好奇心重点书

中国昆虫生态大图鉴　张巍巍　李元胜
中国鸟类生态大图鉴　郭冬生　张正旺
常见园林植物识别图鉴　吴棣飞　尤志勉
常见兰花400种识别图鉴　吴棣飞　叶德平　陈亮俊
中国湿地植物图鉴　王辰　王英伟

昆虫家谱　张巍巍
雨林密境　李元胜
精灵物语　李元胜
中国最美野花200　吴健梅

野外识别手册

常见植物野外识别手册　刘全儒　王辰
常见昆虫野外识别手册　张巍巍
常见鸟类野外识别手册　郭冬生
常见蝴蝶野外识别手册　黄灏　张巍巍
常见蘑菇野外识别手册　肖波　范宇光
常见蜘蛛野外识别手册　张志升
常见南方野花识别手册　江珊
常见蜗牛野外识别手册　吴岷
常见天牛野外识别手册　林美英

自然观察手册

云与大气现象　张超　王燕平　王辰
天体与天象　朱江
中国常见古生物化石　唐永刚　邢立达
矿物与宝石　朱江
岩石与地貌　朱江